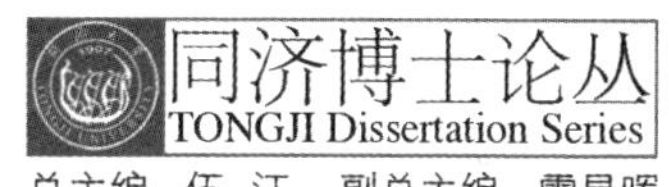

总主编 伍 江 副总主编 雷星晖

单伽锃 施卫星 著

建筑结构混合健康监测与控制研究

Study on Integrated Health Monitoring and Control for Building Structure

内 容 提 要

本书对适用于建筑结构的混合健康监测与控制进行了相关研究。首先提出了混合健康监测与控制系统应具有的特点，包括实时监测驱动、局部反馈控制和自适应控制。在此基础上，提出了基于结构模型解耦的在线损伤识别算法和模型参考自适应控制算法，用以组成混合系统。

本书适于土木专业研究者、土木工程设计人员、工程管理运维专业人员阅读。

图书在版编目(CIP)数据

建筑结构混合健康监测与控制研究 / 单伽锃，施卫星著. — 上海：同济大学出版社，2018.9

(同济博士论丛 / 伍江总主编)

ISBN 978-7-5608-6841-7

Ⅰ. ①建… Ⅱ. ①单… ②施… Ⅲ. ①建筑结构—监测—研究 Ⅳ. ①TU317

中国版本图书馆 CIP 数据核字(2017)第 067598 号

建筑结构混合健康监测与控制研究

单伽锃　施卫星　著

出 品 人　华春荣　　责任编辑　吕　炜　卢元姗

责任校对　徐春莲　　封面设计　陈益平

出版发行　同济大学出版社　　www.tongjipress.com.cn

(地址：上海市四平路 1239 号　邮编：200092　电话：021-65985622)

经　　销　全国各地新华书店

排版制作　南京展望文化发展有限公司

印　　刷　浙江广育爱多印务有限公司

开　　本　787 mm×1092 mm　1/16

印　　张　10.5

字　　数　210 000

版　　次　2018 年 9 月第 1 版　2018 年 9 月第 1 次印刷

书　　号　ISBN 978-7-5608-6841-7

定　　价　54.00 元

本书若有印装质量问题，请向本社发行部调换　版权所有　侵权必究

“同济博士论丛”编写领导小组

组　　长：杨贤金　钟志华

副 组 长：伍　江　江　波

成　　员：方守恩　蔡达峰　马锦明　姜富明　吴志强
　　　　　徐建平　吕培明　顾祥林　雷星晖

办公室成员：李　兰　华春荣　段存广　姚建中

“同济博士论丛”编辑委员会

总 主 编：伍 江

副总主编：雷星晖

编委会委员：（按姓氏笔画顺序排列）

丁晓强 万 钢 马卫民 马在田 马秋武 马建新
王 磊 王占山 王华忠 王国建 王洪伟 王雪峰
尤建新 甘礼华 左曙光 石来德 卢永毅 田 阳
白云霞 冯 俊 吕西林 朱合华 朱经浩 任 杰
任 浩 刘 春 刘玉擎 刘滨谊 闫 冰 关佶红
江景波 孙立军 孙继涛 严国泰 严海东 苏 强
李 杰 李 斌 李风亭 李光耀 李宏强 李国正
李国强 李前裕 李振宇 李爱平 李理光 李新贵
李德华 杨 敏 杨东援 杨守业 杨晓光 肖汝诚
吴广明 吴长福 吴庆生 吴志强 吴承照 何品晶
何敏娟 何清华 汪世龙 汪光焘 沈明荣 宋小冬
张 旭 张亚雷 张庆贺 陈 鸿 陈小鸿 陈义汉
陈飞翔 陈以一 陈世鸣 陈艾荣 陈伟忠 陈志华
邵嘉裕 苗夺谦 林建平 周 苏 周 琪 郑军华
郑时龄 赵 民 赵由才 荆志成 钟再敏 施 骞
施卫星 施建刚 施惠生 祝 建 姚 熹 姚连璧

袁万城　莫天伟　夏四清　顾　明　顾祥林　钱梦騄
徐　政　徐　鉴　徐立鸿　徐亚伟　凌建明　高乃云
郭忠印　唐子来　阎耀保　黄一如　黄宏伟　黄茂松
戚正武　彭正龙　葛耀君　董德存　蒋昌俊　韩传峰
童小华　曾国荪　楼梦麟　路秉杰　蔡永洁　蔡克峰
薛　雷　霍佳震

秘书组成员：谢永生　赵泽毓　熊磊丽　胡晗欣　卢元姗　蒋卓文

总 序

在同济大学110周年华诞之际，喜闻"同济博士论丛"将正式出版发行，倍感欣慰。记得在100周年校庆时，我曾以《百年同济，大学对社会的承诺》为题作了演讲，如今看到付梓的"同济博士论丛"，我想这就是大学对社会承诺的一种体现。这110部学术著作不仅包含了同济大学近10年100多位优秀博士研究生的学术科研成果，也展现了同济大学围绕国家战略开展学科建设、发展自我特色，向建设世界一流大学的目标迈出的坚实步伐。

坐落于东海之滨的同济大学，历经110年历史风云，承古续今、汇聚东西，秉持"与祖国同行、以科教济世"的理念，发扬自强不息、追求卓越的精神，在复兴中华的征程中同舟共济、砥砺前行，谱写了一幅幅辉煌壮美的篇章。创校至今，同济大学培养了数十万工作在祖国各条战线上的人才，包括人们常提到的贝时璋、李国豪、裘法祖、吴孟超等一批著名教授。正是这些专家学者培养了一代又一代的博士研究生，薪火相传，将同济大学的科学研究和学科建设一步步推向高峰。

大学有其社会责任，她的社会责任就是融入国家的创新体系之中，成为国家创新战略的实践者。党的十八大以来，以习近平同志为核心的党中央高度重视科技创新，对实施创新驱动发展战略作出一系列重大决策部署。党的十八届五中全会把创新发展作为五大发展理念之首，强调创新是引领发展的第一动力，要求充分发挥科技创新在全面创新中的引领作用。要把创新驱动发展作为国家的优先战略，以科技创新为核心带动全面创新，以体制机制改革激发创新活力，以高效率的创新体系支撑高水平的创新型国家建设。作为人才培养和科技创新的重要平台，大学是国家创新体系的重要组成部分。同济大学理当围绕国家战略目标的实现，作出更大的贡献。

大学的根本任务是培养人才，同济大学走出了一条特色鲜明的道路。无论是本科教育、研究生教育，还是这些年摸索总结出的导师制、人才培养特区，“卓越人才培养”的做法取得了很好的成绩。聚焦创新驱动转型发展战略，同济大学推进科研管理体系改革和重大科研基地平台建设。以贯穿人才培养全过程的一流创新创业教育助力创新驱动发展战略，实现创新创业教育的全覆盖，培养具有一流创新力、组织力和行动力的卓越人才。“同济博士论丛”的出版不仅是对同济大学人才培养成果的集中展示，更将进一步推动同济大学围绕国家战略开展学科建设、发展自我特色、明确大学定位、培养创新人才。

面对新形势、新任务、新挑战，我们必须增强忧患意识，扎根中国大地，朝着建设世界一流大学的目标，深化改革，勠力前行！

万　钢

2017 年 5 月

论丛前言

承古续今，汇聚东西，百年同济秉持“与祖国同行、以科教济世”的理念，注重人才培养、科学研究、社会服务、文化传承创新和国际合作交流，自强不息，追求卓越。特别是近20年来，同济大学坚持把论文写在祖国的大地上，各学科都培养了一大批博士优秀人才，发表了数以千计的学术研究论文。这些论文不但反映了同济大学培养人才能力和学术研究的水平，而且也促进了学科的发展和国家的建设。多年来，我一直希望能有机会将我们同济大学的优秀博士论文集中整理，分类出版，让更多的读者获得分享。值此同济大学110周年校庆之际，在学校的支持下，“同济博士论丛”得以顺利出版。

“同济博士论丛”的出版组织工作启动于2016年9月，计划在同济大学110周年校庆之际出版110部同济大学的优秀博士论文。我们在数千篇博士论文中，聚焦于2005—2016年十多年间的优秀博士学位论文430余篇，经各院系征询，导师和博士积极响应并同意，遴选出近170篇，涵盖了同济的大部分学科：土木工程、城乡规划学(含建筑、风景园林)、海洋科学、交通运输工程、车辆工程、环境科学与工程、数学、材料工程、测绘科学与工程、机械工程、计算机科学与技术、医学、工程管理、哲学等。作为“同济博士论丛”出版工程的开端，在校庆之际首批集中出版110余部，其余也将陆续出版。

博士学位论文是反映博士研究生培养质量的重要方面。同济大学一直将立德树人作为根本任务，把培养高素质人才摆在首位，认真探索全面提高博士研究生质量的有效途径和机制。因此，“同济博士论丛”的出版集中展示同济大学博士研究生培养与科研成果，体现对同济大学学术文化的传承。

“同济博士论丛”作为重要的科研文献资源，系统、全面、具体地反映了同济大学各学科专业前沿领域的科研成果和发展状况。它的出版是扩大传播同济科研成果和学术影响力的重要途径。博士论文的研究对象中不少是“国家自然科学基金”等科研基金资助的项目，具有明确的创新性和学术性，具有极高的学术价值，对我国的经济、文化、社会发展具有一定的理论和实践指导意义。

“同济博士论丛”的出版，将会调动同济广大科研人员的积极性，促进多学科学术交流、加速人才的发掘和人才的成长，有助于提高同济在国内外的竞争力，为实现同济大学扎根中国大地，建设世界一流大学的目标愿景做好基础性工作。

虽然同济已经发展成为一所特色鲜明、具有国际影响力的综合性、研究型大学，但与世界一流大学之间仍然存在着一定差距。“同济博士论丛”所反映的学术水平需要不断提高，同时在很短的时间内编辑出版 110 余部著作，必然存在一些不足之处，恳请广大学者，特别是有关专家提出批评，为提高同济人才培养质量和同济的学科建设提供宝贵意见。

最后感谢研究生院、出版社以及各院系的协作与支持。希望“同济博士论丛”能持续出版，并借助新媒体以电子书、知识库等多种方式呈现，以期成为展现同济学术成果、服务社会的一个可持续的出版品牌。为继续扎根中国大地，培育卓越英才，建设世界一流大学服务。

伍　江

2017 年 5 月

前 言

本书对适用于建筑结构的混合健康监测与控制进行了相关研究。首先提出了混合健康监测与控制系统应具有的特点,包括实时监测驱动、局部反馈控制和自适应控制。在此基础上,提出了基于结构模型解耦的在线损伤识别算法和模型参考自适应控制算法,用以组成混合系统。主要研究内容、方法和结论如下:

1. 通过将多自由度剪切型结构模型解耦成为一系列单自由度子结构,并定义虚拟的健康子系统构建结构健康监控器。基于监控器初始输出和归一化输出进行结构损伤识别、定位和评估。利用一个三自由度和一个八自由度剪切模型开展数值模拟研究,讨论了一系列在实际工程应用中可能遇到的对结构损伤识别存在影响的因素。研究表明监控器初始输出会受到结构地震动输入特性和幅值的影响,归一化输出在不同的地震动输入下能保持对结构损伤位置和程度准确的识别能力,并且在不同噪声水平下与结构损伤程度仍然有良好的单向相关性。

2. 对提出的基于加速度反馈的在线结构损伤识别算法进行了振动台试验系统的研究。通过附加弹簧组实现一个三层铝质金属结构底层不同的层间刚度状态人工模拟结构损伤状态,验证了损伤识别算法在不同结构损伤程度下的诊断能力。基于数值计算和试验量测对应的归一化输出间的吻合,提出一种数值预测曲线用于实际结构损伤程度估计。对数值计算中的时间间隔参数进行收敛性分析,分析表明过大的时间步长将影响归一化输出的相对位置和相应均值。另外,利用持续模拟地震动输入一个十二层钢筋混凝土框架结构,验证了结构损伤识别算法对天然的结构裂缝发生、发展和位置的诊断能力。

3. 根据多自由度剪切型结构模型解耦得到一系列单自由度子结构,提出了相应的基于解耦的模型参考自适应控制。详细阐述了由在线损伤识别算法和模型参考自适应控制组成的混合结构健康监测和控制系统的概念和功能。利用一个三自由度剪切数值模型开展了自适应控制数值模拟研究。研究表明,提出的基于解耦的模型参考自适应控制算法具有局部反馈控制的特点,能实现受损结构实际层间动力响应与未受损结构参考响应间的渐进式趋于一致,继而有效降低结构的动力响应。相对于峰值,自适应控制算法对基于整个时间历程的相应均方根值(RMS)拥有更明显的控制效果。调节权重矩阵对角元上的参数越大,相应的自适应控制输出越大。自适应控制效果依赖于局部损伤程度,损伤程度越大控制效果越明显,同时相应的控制力峰值也越大。

4. 对结构混合健康监测与控制系统进行了系统的数值模拟和振动台试验研究。基于三层剪切型数值模型和不同损伤工况条件,验证了在有控条件下在线损伤识别算法的损伤识别能力和在损伤发生条件下混合系统的控制模块能迅速地在受损区域输出相应的控制力,以降低结构动力响应。继续利用附加弹簧组模拟改变一个三层铝质金属结构底层的层间刚度,结合振动台试验验证了混合系统对受损结构的损伤识别和振动控制能力。研究发现数值计算和振动台试验在自适应控制器时变参数、控制力、结构位移和加速度响应上具有良好的吻合度,说明本书提出的混合健康监测与控制系统相关理论的正确性和可应用性。

目　录

第1章 绪论

1.1 课题的研究背景与意义

为了满足人类社会发展的各种需要，土木工程结构正在向大型化、复杂化、自动化和连续化方向发展。同时，随着我国国民经济的持续增长，一大批重大工程结构，如高层建筑、大跨度桥梁、大跨空间结构、大型水利工程、海洋平台结构以及核电站建筑等，与日俱增。2008 年建成的上海环球金融中心主体建筑高度达到了 492 m，正在建设的上海中心建筑设计高度 632 m，它们与其他超高层建筑一起，共同组成了上海陆家嘴地区的地标性建筑群和天际线。分别于 2008 年和 2010 年建成的全长 35.7 km 的杭州湾跨海大桥和全长 41.58 km 的青岛胶州湾跨海大桥，是目前世界第三和第一长跨海大桥。

在长达几十年甚至上百年的服役期中，工程结构不可避免地会受到环境侵蚀、材料性能退化、荷载长期效应和疲劳效应，以及突发灾害性事件(强地震、强风等)等因素的耦合作用。由此导致结构使用功能减低甚至破坏、区域功能瘫痪、严重的经济损失甚至人员伤亡。例如，1940 年美国的 Tacoma Narrow 大桥在强风作用下失稳破坏；1965 年英国北海海上石油钻井平台失效；1994 年韩国首尔 Sung-Soo Grand 大桥中间跨断塌；1995 年韩国首尔五层百货大楼在 30 秒内层层塌陷；1999 年重庆彩虹桥突然倒塌，40 人死亡，14 人受伤；2004 年法国巴黎戴高乐机场 2E 候机楼发生屋顶局部坍塌；2007 年在密西西比河上 I－35W 钢桁架桥由于螺栓连接板的局部失效引起突然倒塌，如图 1－1(a)所示。在众多可能导致结构损伤及功能失效的因素中，地震作用，由于其相对短时间内的高能量释放，不可预测性，波及范围广和次生灾害等特点，一直是导致严重工程结构破坏的主要因素之一。如 1994 年美国加利福尼亚州 6.7 级 Northridge 地震，1995 年日本神户 7.2 级 Kobe 地震，1999 年台湾 7.3 级集集(Chi-Chi)地震，2008 年四川 8.0 级汶川地震和 2011 年日本 9.0 级 Tohoku 地震。在这些大地震中，大量的建筑物在主震和余震

(a) (b) (c) (d)

图 1－1 (a) 工程结构整体破坏——I－35W 钢桁架桥；(b) 工程结构地震作用下局部破坏——混凝土柱节点；(c) Kobe 地震中高层建筑中部楼层破坏；(d) Kobe地震中高层建筑底部楼层破坏

中受到严重损伤甚至倒塌，造成人员和财产损失。图 1－1(b)所示为2008 年汶川地震后某混凝土柱上部节点破坏，图 1－1(c)和(d)所示分别为 Kobe 地震中高层建筑中部楼层和底层的破坏。另外，如 1994 年 Northridge 地震中，许多钢结构建筑在抗弯框架的焊接节点处出现了开裂损伤，但并没有及时检测发现，对结构之后的正常使用带来极大的安全隐患。

因此，如何识别、诊断、预测甚至预防、控制结构在长期服役过程中产生的结构损伤，评估结构整体安全性，保证结构整体使用功能，成为土木工程领域的研究热点。总体上，相关的研究可以分为两类：结构健康监测(Structural Health Monitoring，SHM)和结构振动控制(Structural Vibration Control)。其中，结构健康监测以识别和诊断结构在服役期的损伤状态来评估结构安全性和预测结构剩余寿命，结构振动控制以降低结构在灾害性事件(地震、强风)中的动力反应，如层间位移和加速度，来预防和控制结构损伤的产生和发展。

早期的健康监测研究开始于 20 世纪 70—80 年代，主要集中于航空和近海石油工业领域[1]。20 世纪 80 年代后，随着测试手段和分析技术的发展，结构健康监测系统开始设置在部分已建和在建的大型复杂土木工程结构。结构健康监测系统一般包括传感器系统(加速度传感器、力传感器、位移传感器和风速仪等)、数据采集和分析系统(无线和有线数据传输、计算机等)和结构损伤识别算法。其中，结构损伤识别(Damage Identification)是结构健康监测的核心内容，基于损伤识别结果评估结构安全状态是结构健康监测的主要目标。传统的结构损伤识别包括基于振动的全局检测技术和局部的无损检测技术(超声波、红外成像等)[2]。不同于航天航空工程和机械工程，土木工程结构有着较大的结构尺度，较低的结构振动水平和一定的材料、构件和整体结构的不确定性。这些特点决定了使用无损检测技术难以对结构整体的性能水平做出准确的判断。因此，近年来，基于振动的全局损伤识别成为土木工程健康监测领域重要的一个研究热点。

结构振动控制在结构工程领域的研究起源于20世纪60年代，发展至今，已经形成了被动控制、主动控制、半主动控制、混合控制和智能控制等领域[3,4]。其中，结构被动控制主要包含基础隔震和被动耗能减振技术，如叠层橡胶支座、黏弹型和黏滞型阻尼器、摩擦阻尼器和调谐质量阻尼器(TMD)等。结构主动和半主动控制包含结构控制算法的研究，如线性二次型最优控制(LQR)、模态控制、滑移模态控制、H_2 和 H_∞ 控制等，以及相应的结构控制装置的研究，如主动质量阻尼系统(AMD)、主动变刚度系统、主动变阻尼系统和电流变(ER)和磁流变(MR)阻尼控制系统等。结构混合控制主要是指将主动控制技术与被动控制技术结构起来，应用于同一受控结构的振动控制策略。与主动和半主动控制研究类似，结构智能控制也包含两方面的研究：结合模糊算法、神经网络辨识和遗传算法等的控制算法研究，以及结合压电陶瓷、形状记忆合金等智能材料的控制装置的研究。以主动控制系统为例，结构振动控制系统主要包括数据监测系统、作动器、控制器和外部能源。

可以看到，结构健康监测和结构振动控制具有相同的目标和出发点——保证结构整体使用功能，采用相同的硬件系统——传感器、数据传输和分析系统。但是，以损伤识别为主的结构健康监测研究主要依靠信号分析和系统识别理论，并不要求算法具有实时在线识别能力，而以降低结构动力反应为主的结构振动控制研究主要跟随现代控制理论和控制装置的发展，需要实时施加相应的控制力。因而，由于具体实施目标的不同，两者的研究未有太多的交叉。

在结构健康监测和结构振动控制各自已经进入比较成熟的发展阶段之时，进行建筑结构混合健康监测与控制系统的研究，有其重要的现实意义和崭新的前景。大部分结构控制算法是基于线性时不变系统假定进行控制率的设计。对于长期服役的土木工程结构，材料构件的不确定性,材料老化都将引起结构状态的改变。同时,即使是受控结构也不能完全避免在强地震作用下产生结构损伤。所以,通过健康监测识别结构损伤状态,将有助于实现当前结构状态下的目标振动控制效果。同时,结构损伤的产生,将一定程度上影响结构在地震作用过程中的性能表现。例如,过大的底层刚度降低或损失,将导致过大的底层层间位移而导致底层结构性失效甚至局部坍塌。若能通过结构健康监测识别结构局部(楼层)的损伤及刚度变化,并迅速施加相应的结构控制力以降低结构反应,将实现防止结构进一步破坏的目标,保证工程受损结构在灾害性时间中的整体安全性。另外,分别布置结构健康监测系统和结构振动控制系统,将会明显地增加工程造价,不经济。如果能布置一套结构混合健康监测与控制系统,不仅将节约工程造价,也能有效地实现两者的互补,达到最好效果。应用混合健康监测与控制系统,将真正意义上实现智能结构(Smart Structure)的三个功能:自我感知、自我修复和自我驱动。通过健康监测识别结构的当前损伤状态(自感知),以此调整结构相应驱动策略(自驱动),以降低甚至消除结构损伤对结构在当前和未来灾害性事件中的使用功能的影响(自修复)。

目前,在国内外进行相关混合健康监测与控制系统研究的学者很少,尚处于理论起步阶段。本书将提出一种新型的建筑结构混合健康监测和自适应控制理论,并将开展数值模拟和振动台试验等相关方面的研究。

1.2 基于振动的结构损伤识别

通常情况下,基于振动的结构损伤识别方法也被称为结构动力检测方法,即利用结构动力响应的量测进行结构状态性能评估。近年来,许多基于振动的全局损伤识别方法提出并得到发展。Carden 和 Fanning[1],Chang 等[2]和 Doebling 等[5]分别对不同时期的结构损伤识别研究进行了归纳和总结。李宏男和李东升[6],宗周红等[7]和阎桂荣等[8]也分别对国内外的结构损伤识别研究进行了系统的分类和综述。根据相关学者的研究总结,结构健康监测,特别是基于振动的结构损伤识别,通常分为以下四个目标水准[1,5]:

水准 1:确定结构损伤是否在目标结构中发生;

水准 2:确定结构损伤在目标结构中的具体位置;

水准 3:定量分析目标结构中产生的结构损伤程度;

水准 4:预测目标结构的剩余服役寿命。

水准 1 一般比较容易实现,水准 2 和 3 是大部分损伤识别方法研究的重点,水准 4 由于需要更多目标结构的特定信息,如结构设计评价,进行综合分析评价而比较难包含在一般性的方法研究中。另外,随着智能材料和智能结构技术的迅速发展,如形状记忆合金在智能结构中的应用,Park 等[9]提出了状态评估中的第五个水准,即“自我修复结构(Self-healing Structure)”。

根据动力量测数据和信号分析方法的不同,基于振动信息的损伤识别方法可以分为三大类[8]:基于模态域数据的方法,基于时间域数据的方法和基于时频域数据的方法。

1.2.1 基于模态域数据的方法

此类方法通过分析量测结构动力响应识别结构的模态信息,如固有频率、振型、柔度和模态应变能等。然后通过比较完好结构和受损结构的相应模态参数,运用各类分析手段,如灵敏度分析、模型优化修正和人工智能算法等,来识别、定位和定量结构损伤。Doebling 等[5]对使用模态参数改变的损伤识别方法进行了系统的归纳总结,并指出大部分的研究都关注于水准1～3的实现。

作为最容易获取的结构模态参数之一，结构固有频率具有所需测点少和识别精度高等特点，同时，结构固有频率变化与结构刚度和质量变化之间又有着具体显式的联系。由此，基于固有频率的结构损伤识别方法得到了大量的发展。Salawu[10]总结和讨论了使用固有频率的改变来实现结构整体安全性评估的方法。Cawley和Adams[11]通过理论推导证明任意两阶模态之间的固有频率变化比只与结构损伤的位置有关，与损伤程度无关。Banks等[12]提出一种基于参数化偏微分方程和伽辽金近似技术的损伤识别方法，并指出和损伤位置、程度一样，损伤的几何形态会影响固有频率的变化。薛松涛等[13]提出一种二阶频率灵敏度分析方法用于损伤识别，并进行了在层间剪切结构上的试验验证。谢峻和韩大建[14]基于 X 向量的迭代优化求解方法改进了Stubbs和Osegueda[15]提出的一种基于频率测量的整体损伤估计方法。

基于结构模态振型进行损伤识别的方法是基于损伤对模态振型曲率的影响将只局限于损伤位置附近的假定，主要可以分为模态振型直接比较法和曲率模态法。其中，模态振型直接比较的指标有模态置信准则(MAC)[16]和协调模态置信准则(COMAC)[17]。MAC值通常用来对两组模态振型的相似性进行评价。Salawu和Williams[18]对一座多跨混凝土高速公路桥在结构修补前后进行了人工激励实验，通过比较修补前后模态振型MAC值发现结构修补的位置。Messina和Williams[19]提出了一种基于模态频率的多损伤位置置信准则(MDLAC)用于识别结构损伤，Shi和Law等[20]在此基础上用不完备的模态振型信息代替模态频率，用于多损伤位置置信准则(MDLAC)以识别和定位结构损伤。由材料力学梁弯曲变形理论可以知道，如果梁局部产生损伤必将引起相应位置的抗弯刚度的改变，也将导致曲率模态振型局部变化。Wahab和De Roeck[21]提出一种曲率损伤指标(CDF)用于结构损伤识别，并成功识别一座预应力混凝土桥上的不同位置的损伤。王静等[22]探讨了曲率模态用于简支板桥损伤识别的可行性并应用三维有限元模型数值分析验证了相关理论。

Yam 和 Leung 等[23]推导了弹性结构应变模态和位移模态之间的关系，并发现应变模态对于结构局部的变化更为敏感。另外，应变模态可以直接通过量测结构应变响应得到。因此，国内外学者对基于应变模态的损伤识别方法开展了一系列的研究。Shi 和 Law 等[24-26]提出一系列基于模态应变能的损伤识别定位方法，并提出了模态应变改变率(MSECR)和模态应变能改变(MSEC)两个损伤指标。通过一系列二维二层框架结构试验研究表明相应方法可以准确地进行损伤识别。Cornwell 等[27]将一维的应变能方法拓展到二维的应变能方法，用于板式结构的损伤识别。需要注意的是，在此方法中可能的误差将是忽略不同部分之间的扭转刚度造成的。Hsu 和 Loh 等[28]通过调整迭代过程的算法改进了模态应变能改变方法，并成功应用于一个三维三层钢框架结构的损伤识别。刘晖和瞿伟廉等[29]提出一种基于模态应变能耗散率的损伤识别方法，相应的损伤变量不仅可以定位损伤单元同时也能表征损伤程度。刘涛和李爱群等[30]引入多源信息融合技术对各阶模态应变能进行融合，提出了改进的模态应变能法。通过一座预应力混凝土组合箱梁桥的数值算例分析，验证了良好的损伤敏感性和噪声鲁棒性。王树青等[31]成功将模态应变能法应用于海洋平台模型的损伤识别。

实际测试中，测试模态和自由度通常是不完备的。结构模态柔度矩阵可以通过低阶模态信息较准确地估计得到，同时由于和模态频率之间的反比例关系，结构模态柔度矩阵对低阶模态的变化特别敏感。这些特点暗示基于柔度的方法更有希望在实际工程中得到应用。Li 和 Hao 等[32]针对悬臂类结构(如高层建筑、烟囱)提出了一种基于柔度矩阵和最小二乘法的损伤识别方法。狄生奎等[33]利用柔度矩阵原理和相应的灵敏度参数进行梁式结构的损伤识别研究。2002 年，Bernal[34]提出一种损伤定位向量（DLV）方法用于损伤识别和定位，随后 Gao 和 Spencer[35]通过模态扩展技术将 DLV 方法扩展到环境激励的情况。Duan 和 Yan 等[36]通过引入一个虚拟结构，借助测试得到的部分模态振型和频率构建比例柔度矩阵用于 DLV 方法的损伤识别。进一步，Duan 和 Yan 等[37]研究了如何在环境激励或外接激励源未知和测试自由度不完备的情况下构建结构的比例柔度矩阵以结合 DLV 方法。Gao 和 Spencer[38]通过一座 5.6 m 跨度的三维桁架结构使用有限传感器测点验证了基于柔度的 DLV 方法用于结构损伤识别。在此基础上，Sim 和 Spencer[39]提出了基于 DLV 方法的多维测试技术用于实际的结构损伤识别。

结合测试得到的模态频率和振型，以及初始基准模型可以推导得到残余力向量（RFV）。残余力向量的每一行都代表了结构数值模型的一个自由度。当某结构构件发生损伤时，相应自由度的残余力向量将会增大。通过拾取较大的残余力向量，可以识别损伤的相对位置。Liu[40]通过最小化 RFV 的平方识别在桁架中某一受损构件的位置和程度。Kosmatka 和 Ricles[41]结合振动残余力和加权敏感性分析，使用实测的模态频率和振型用以识别结构系统中质量和刚度的变化。高维成等[42]针对网架结构的特点，基于残余模态力理论和敏感模态的概念，建立了基于模态应变能理论的损伤程度评估算法。

模型修正方法的主要目的是为了建立更准确的结构数值模型，通过试验数据和模态分析结果对数值模型进行修正，经过修正的数值模型可以用于结构的损伤诊断。Casas 和 Aparicio[43]利用结构实测动力响应，结合模型修正技术实现混凝土试验梁上的裂缝和真实支座条件的识别。Halling 等[44]根据现场测试得到的前三阶模态频率和前两阶模态振型，运用结构参数优化算法修正有限元模型，对 21.5 m 跨度桥的各阶段损伤进行了识别研究。Jang 等[45]通过最小化实测和数值计算响应间误差优化有限元模型,对一试验桥梁模型进行了结构参数识别,进而诊断受损构件。Weber 和 Paultre[46]提出一种基于灵敏度分析和正规化模型修正的损伤识别方法,并用于三维桁架塔结构的损伤诊断。何浩祥和闫维明等[47]基于子结构和遗传神经网络技术提出递推模型修正方法,在修正过程中采用基于固有频率或者小波包频带能量作为损伤因素。张纯和宋固全等[48]提出一种基于灵敏度分析对实测模态和结构模型同步修正的结构损伤识别方法。

其他基于模态域数据的损伤识别方法还包括基于频响函数(FRF)的方法。采用频响函数的一大优势是相较于识别自共振峰附近的模态参数方法,FRF 对于结构损伤能提供一定频带范围内更多的信息。例如,Fanning 和 Carden[49,50]提出并发展了一种基于单输入—单输出频响函数计算的损伤诊断方法,并成功识别二维框架结构的改变。另外,近年来随着计算智能技术的发展(如神经网络、遗传算法和模糊技术等),结构损伤识别开始与人工智能算法结合使用,利用人工智能算法强大的非线性计算性能,实现大型复杂结构的损伤识别。例如频响函数和神经网络[51],柔度矩阵和模糊模式[52],频响函数和遗传算法[53]和振型差值曲率和神经网络[54]。

1.2.2 基于时域数据的方法

基于时域数据方法不同于基于模态域数据方法的最大特点是具有在线识别能力。利用结构动力响应在局部时间域上的特性或统计特性来分析结构参数识别结构损伤。相较于基于模态域数据方法,基于时域数据的方法更依赖系统识别(System Identification)理论和技术。

其中最主要的一类方法是基于时间序列分析模型进行结构模态参

数识别，如自回归模型（Auto Regressive）、滑动平均模型（Moving Average）和自回归滑动平均模型（Auto Regressive Moving Average）等。Sohn 和 Farrar[55]提出一种利用目标结构加速度时程相应记录的两阶段预测算法用于结构损伤识别。其中两阶段预测算法融合了自回归模型（AR）和外源输入下自回归模型（ARX）。Nair 和 Kiremidjian 等[56]基于 ARMA 时间序列分析提出一种新的损伤敏感性指标（DSF）和两个基于 AR 系数的损伤定位参数。当结构受损时，相应的 DSF 均值将发生明显的变化。Carden 和 Brownjohn[57]提出了一种基于 ARMA 模型的概率统计算法，并成功应用于 Benchmark 四层框架结构、Z24 桥梁和马来西亚—新加坡 Second Link 桥的实测数据。Zheng 和 Mita[58]提出基于 ARMA 模型间距离的损伤指标用于损伤定位和损伤程度量化。ARMA 模型间距离定义为倒谱度量或子空间角度，同时应用一种前置白化滤波器消除多损伤状态的耦合关系。何林和欧进萍[59]利用 ARMAX 模型对结构的输出数据建模识别结构频率和阻尼，同时利用 MA 参数辅助 AR 参数进行结构动态参数识别。刘毅和李爱群[60]通过建立 ARMA 模型，对模型中的 AR 参数进行特征提取，计算损伤前后两状态 Mahalanobis 距离的差异实现在建结构健康监测。

在系统识别领域有一类自适应算法可实现结构参数如质量、刚度和阻尼的在线识别，例如贝叶斯状态估计、卡尔曼滤波、最小二乘估计、H_∞滤波器和微分演化算法等。

贝叶斯状态估计利用了统计推断中著名的贝叶斯原理，把所要估计的参数看作随机变量，然后设法通过观测与其相关联的其他变量以推断这个参数。Vanik 和 Beck 等[61]提出一种基于贝叶斯概率统计的结构健康监测方法。通过在线持续监测识别一系列模态参数用以计算模态刚度可能降低的概率，同时认为在局部模态刚度的高概率性降低预示在相应局部的结构损伤的产生。Yuen 和 Au 等[62]提出基于贝叶斯状态估计结构刚度参数的两阶段结构健康监测方法，并用于 Benchmark 模型的验证。Beck[63]提出了基于概率逻辑和贝叶斯修正的系统识别方法。杨晓楠[64]对基于贝叶斯统计推理的结构损伤识别方法进行了系统的归纳和研究。

作为经典的动态估计方法之一，卡尔曼滤波(Kalman Filter)在结构系统识别和结构控制领域得到了广泛的研究和应用。卡尔曼滤波的两个基本假设是：时域过程足够精确的线性数学模型，每次的测量信号都包含附加的白噪声分量。主要的五个计算关系和成分包括状态预测方程、预测误差协方差矩阵、增益矩阵、状态估计方程和滤波误差协方差。在卡尔曼滤波基础上，衍生发展了基于非线性方程线性化的扩展卡尔曼滤波应用于非线性问题的方法。由此将刚度和阻尼参数加入状态参量中，进行在线结构参数估计实现系统识别。1984 年，Hoshiya 和 Saito[65]利用加权整体迭代方法和扩展卡尔曼滤波进行多自由度线性系统和双线性指挥系统的状态估计。由此，扩展卡尔曼滤波被很多研究者用于各类结构系统的线性和非线性动态估计，如考虑刚度退化效应的等效线性系统和双线性滞回系统[66]，采用 Bouc-Wen 模型的单自由度滞回系统[67]，考虑刚度时变性的结构系统[68]。Saha 和 Roy[69]提出免于求导的两阶段扩展卡尔曼滤波方法用于高斯白噪声激励下结构系统的状态和参数估计。潘芹[70]对卡尔曼滤波时域识别方法在损伤诊断中的应用进行了研究。周丽和吴新亚等[71]利用一种模拟在线损伤的刚度元件进行了自适应卡尔曼滤波方法在结构损伤识别中的试验研究。随着研究的深入，发现扩展卡尔曼滤波在强非线性问题中的表现并不出色，由此近年来另外一种采用无迹转换技术的卡尔曼滤波方法逐渐被研究者用于强非线性问题的状态估计。Romanenko 和 Castro[72]对采用无迹卡尔曼滤波用于非线性状态估计的问题进行了数值模拟研究。Wu 和 Smyth[73]应用无迹卡尔曼滤波用于实时非线性结构系统的估计，并与扩展卡尔曼滤波的结果进行对比。结果显示无迹卡尔曼滤波比扩展卡尔曼滤波在状态估计和参数识别上的表现更好并对测量噪声有较好的鲁棒性。除了扩展和无迹卡尔曼滤波外，集合卡尔曼滤波[74]和广义卡尔曼滤波[75]也被成功用于结构系统的状态估计和健康监测。

近年来，越来越多的时域分析技术用于结构线性和非线性状态估计和健康监测。Tang 和 Xue[76]提出微分演化算法用于多自由度线性系统的刚度和阻尼参数识别。Sato 和 Qi[77]通过添加对过去观测数据的记忆衰减到 H_∞ 滤波器，实现了对结构系统非平稳动力特性的识别。其中 Akaike-Bayes 信息准则用于决定其最优遗忘因子。Yoshida 和 Sato[78]应用蒙特卡洛滤波器对结构损伤进行诊断，并指出蒙特卡洛滤波器的一个优势在于处理非线性和非高斯问题。Koh 和 Hong 等[79]通过估计和转化在线测试响应得到相应模态响应，通过遗传算法(GA)在模态域而非物理域内搜索以降低计算需求，实现大型结构系统参数的时域识别。Yang 和 Huang 等[80]提出序贯非线性最小二乘估计法用于结构损伤在线识别。Yang 和 Pan 等[81]提出未知输入下的递归最小二乘估计用于结构损伤识别。

1.2.3 基于时频域数据的方法

近十年来，随着时频域信号分析技术(小波分析、希尔伯特-黄变换)的发展，基于时频域数据的结构健康监测技术也有了长足的进步。不同于只基于频域和时域的方法，基于时频域数据的结构损伤识别方法能获得更多的损伤信息，如同时了解结构是否发生损伤和损伤发生的时刻。这对于大型土木工程结构在灾害事件中及时发出预警和维持整体安全性有着非常重要的意义。

基于小波分析的损伤识别方法主要有基于小波奇异性监测、基于损伤前后小波变换系数变化、基于小波变换和弹性波传播理论、基于小波变换和神经网络和基于小波包变换[8]。Sun 和 Chang[82]首先将实测信号分解成为小波包以计算相应能量,然后小波包能量作为神经网络模型的输入用以结构损伤识别。任宜春和张杰峰等[83]利用改进的 Littlewood-Paley 小波变换进行结构时变模态的参数识别。根据识别频率的变化判断是否发生损伤及损伤发生的时间,通过识别损伤前后一届振型斜率变化判断损伤位置。Noh 和 Nair 等[84]提出三个基于小波分析的损伤敏感指标用于地震作用下结构损伤诊断,其中损伤敏感指标定义为在特定频率和特定时间的小波能量的函数。在此基础上,应用提出的损伤敏感指标用于钢抗弯框架的损伤识别和预测[85]。

希尔伯特-黄变换(HHT)是由 Huang 于 1996 年在 NASA 提出的一种瞬时信号分析技术。其核心技术是经验模式分解(EMD)得到固有模态函数(IMF)和希尔伯特变换。Yang 和 Lei 等[86]提出利用 EMD 得到时域信号内的损伤脉冲以识别对应的结构刚度的瞬时改变。陈隽和徐幼麟等[87]利用一个三层剪切型结构的振动台实验对基于经验模式分解和小波分析的结构损伤识别进行了相关研究。罗维刚和韩建平等[88]利用希尔伯特-黄变换得到瞬时频率和瞬时能量识别结构损伤演化过程。Iacono 和 Navarra 等[89]通过不同激励下的试验研究验证了基于希尔伯特变换的损伤识别方法。静行和熊晓莉等[90]提出了用于简支梁的基于曲率模态和集合经验模式分解(EEMD)的结构损伤识别方法。

1.3 结构振动控制

1972 年 Yao[91]提出利用结构控制的概念来保证建筑结构安全性,

并使用一个模拟并行逻辑设备来验证这个概念的应用。由此,结构振动控制在土木工程结构上的研究得到了巨大的发展。1997 年,Housner 等 10 位学者[3]对结构控制的过去现在和未来进行了归纳、总结和展望。Alkhatib 和 Golnaraghi[92]系统总结了结构主动控制的基本概念和研究现状,并讨论了诸如结构建模、模型缩减、反馈和前馈控制、鲁棒控制和最优控制等十几个相关研究领域。Soong 和 Cimellaro[93]讨论了结构控制,特别是主动、半主动和混合控制的未来发展方向,并着重关注其中一个领域——控制/控制系统的整合设计。Ibrahim[94]结合已经解决和有待解决的工程问题系统归纳了最新的非线性隔振器的理论和实践成果。2011 年,Fisco 和 Adeli[95,96]对基于结构振动控制的智能结构进行了总结,内容包括主动和半主动控制,混合控制系统和控制算法。欧进萍[4]系统阐述了近 30 年来国内外结构主动、半主动和智能控制的理论、方法、技术、装备、系统和工程应用的主要研究成果。李宏男[97]从结构动力学的基本原理出发,全面综述了结构振动与减振控制两方面的内容,并着重阐述了结构智能控制这一重要的研究方向。周锡元和阎维明等[98]对国内外在建筑结构基础隔震、减振消能和振动控制研究的新进展做了全面的综述。

根据近年来的研究成果,本书从结构振动控制装置和振动控制算法两方面进行总结。

1.3.1 结构振动控制装置

按照是否需要外界能源输入,工程振动控制可以分为被动控制(无外部能源输入)、主动控制(有外部能源输入)、半主动控制(少量能源输入)和混合控制(部分能源输入)。

被动控制装置包括结构隔震、耗能减振和调谐减振等。结构隔震包括基础隔震和层间隔震等,使用的支座通常包括叠层橡胶支座[99]、铅芯橡胶支座[100]、滑动支座[101]和球形支座[102]等。施卫星和孙黄胜等[103]提出了由盆式支座和橡胶支座组合而成的隔震支座应用于上海国际赛车场的层间隔震。Nakamura 等[104]提出一种核心筒悬挂高位隔震体系应用于实际工程。结构耗能减振装置包括金属屈服阻尼器[105]、摩擦阻尼器[106]、黏弹性阻尼器[107]、黏滞液体阻尼器[108]和耗能支撑[109]等。调谐减振装置通过吸收和消耗结构振动的能量达到降低受控结构动力反应的目的，主要包括调谐质量阻尼器[110]和调谐液体阻尼器[111]。

主动控制装置主要包括主动质量阻尼器[112]和主动拉索或支撑系统[113,114]等。主动质量阻尼器(AMD)是在调谐质量阻尼器的基础上发展形成的主动控制装置，第一个工程应用为 1989 年 Kyobashi Seiwa 大楼通过安装两台 AMD 以分别控制结构横向振动和扭转振动[112]。主动拉索系统则多用于悬索桥梁[113]和空间结构[114]的振动控制。

虽然结构主动控制技术具有控制效果好、使用范围广等特点，但是由于在制动时需要大量的能量，在灾害性事件特别是地震发生时不容易发挥其最佳控制效果。因此，以被动控制为主体，结合主动控制特性的半主动控制装置随之产生，包括主动变刚度系统(AVS)[115,116]、主动变阻尼系统(AVD)[117,118]、电流变(ER)和磁流变阻尼器(MR)[119-122]、压电驱动和压电变摩擦阻尼控制系统[123,124]和形状记忆合金驱动控制系统等[125,126]。李宏男等[127]对基于压电智能材料的土木工程结构控制进行了归纳和展望。

混合控制装置通常为被动控制和主动或半主动控制装置的组合，如混合质量阻尼器(HMD)、主动/半主动控制与隔震体系相结合等。混合质量阻尼器通常包括 AMD 和被动耗能阻尼器。Nagashima 和 Maseki 等[128]分析了一种由线性电制动器和齿轮式摆组成的混合质量阻尼器应用于一高层结构上的振动控制效果。Ramallo,Johnson 和 Spencer[129] 基于传统的隔震橡胶支座和半主动磁流变阻尼器的“智能隔震体系”。Tzan 和 Pantelides[130] 研究了黏弹性阻尼器和主动控制系统的混合振动控制,并发现黏弹性阻尼器能有效降低主动控制力的需求,同时主动控制系统的存在能改善黏弹性阻尼器的速度性能并降低其受剪破坏的可能性。张延年和李宏男[131] 对三种磁流变阻尼器和铅芯橡胶支座的混合隔震方案在耦合地震作用下的振动控制效果进行了分析和比较。

近年来,新型结构控制装置不断得到发展。Ikago 和 Saito 等[132] 提出基于滚珠丝杠齿原理的新型调频黏滞质量阻尼器用于建筑结构的地震反应控制。Lu,Lu 和 Masri[133] 对动力荷载作用下颗粒阻尼器的性能进行了深入研究。Gendelman[134] 提出结合初始线性振荡器和振动激励非线性能量水槽(NES)的组合装置用于振动控制。Yang 和 Lin 等[135] 研发了生物启发的基于鲍鱼壳耗能机制的被动阻尼器用于结构振动控制。Lin 和 Lin 等[136] 在传统的 TMD 的基础上发展了一种新型的半主动控制装置。其主要构成包括压电摩擦阻尼器、质量块和滑动块、滑动平台和摩擦棒等。Fu 和 Johnson[137] 提出一种集合结构和环境控制系统的分布式质量阻尼器以实现节约能源消耗和在地面运动作用下降低上部结构响应的作用。

1.3.2 结构振动控制算法

结构振动算法通常分为经典算法和现代算法两类。经典算法利用常系数常微分方程通过拉普拉斯变换进行求解有限自由度线性系统运动方程,基于传递函数在频率域进行结构控制设计。现代算法则依靠状态空间方程描述系统动力状态,基于时间域进行求解和控制设计。在土木工程领域,研究较多应用较广的结构振动控制算法主要有:线性最优控制、模态控制、滑移模态控制、H_2 和 H_∞ 控制、智能控制（模糊控制、神经网络控制和遗传算法控制）、自适应控制和预测控制等。欧进萍[4]归纳了其中大部分结构振动控制算法的理论推导并给出了相应的数值算例。

作为最早提出的结构控制算法之一，基于全状态反馈的线性二次型经典最优算法（LQR）及其衍生改进的算法广泛应用于土木工程结构的振动控制。线性二次型最优控制以标准线性二次型性能指标为目标函数，被控对象的状态方程为约束来确定控制力与状态向量间最优关系式，使目标函数性能指标最小。Chung 和 Reinhorn 等[138]对基于二次型性能指标的结构地震作用下的最优控制问题进行了实验研究。Yang 和 Li 等[139]对最优理论用于地震激励下线性、非线性和滞回结构振动控制问题进行了系统性的概述和研究。传统意义上的 LQR 控制是基于最优性的必要条件得到，Aldemir 和 Bakioglu 等[140]在此基础上发展了利用最优性的充分条件进行控制设计。潘颖和王超等[141]研究了地震作用下线性时滞结构的离散最优控制，在控制率表达式中不仅含有当前状态反馈还包含前若干步控制项组合。杜永峰和李慧等[142]从二次型目标函数的泛函变分出发推导出更为一般的最优控制算法，控制力表达式中同时考虑结构响应和地震激励两部分影响。

在 LQR 控制中需要实现结构系统全状态反馈，对于大型的土木工程结构，位移和速度并不容易量测。相反，结构的加速度响应可以较准确的得到。因此，结合卡尔曼滤波理论，LQR 控制发展形成线性二次型高斯（LQG）最优控制。Ankireddi 和 Yang[143]提出多目标的 LQG 控制算法用于结构在风作用下的振动控制。张文首和林家浩等[144]采用 LQG 控制策略结合复模态理论和虚拟激励法进行海洋平台的地震响应控制。除了全状态反馈，LQR 控制中的二次型性能指标忽略荷载项进行极小化控制，因此该算法给出的控制并不是真正意义上的最优控制。1987 年 J. N. Yang 等[145]提出了基于时间变量，以瞬时状态反应和控制力的二次型作为目标函数的瞬时最优控制算法。Chung 和 Soong 等[146]对此控制算法进行了三层框架结构的试验验证，Yang 和 Li[147]则进一步将此算法推广到利用加速度和速度反馈进行振动控制。张文首和卢立勤等[148]用精细积分代替传统的近似积分得到精细瞬时最优控制，杜永峰和刘彦辉等[149]基于每一个时间步长建立目标函数改进了瞬时最优控制算法使其具有更高的精度和良好的稳定性。

一般情况下结构的动力反应可以通过考虑少数振型分量的影响而计算得到。土木工程结构的动力响应在正常状态下是渐近稳定。因此，通过控制少数起主要作用的振型分量，同时假设其他非控模态的渐近稳定性，可以实现对结构反应的控制，即模态（振型）控制。对结构系统反应进行模态分解，将 $2n$ 维系统控制问题转化为 n 个二维系统控制问题。然后对主要的 n_1 个模态通过设置最优控制等控制理论实现模态控制。Lu 和 Chung[150]利用扩展的状态矩阵进行结构地震响应的模态控制，Cho 和 Kim 等[151]则将模态控制结合卡尔曼滤波的状态估计用于磁流变阻尼器的半主动控制。传统的模态控制是针对解耦的独立模态进行，王波和王荣秀[152]提出了一种将独立模态控制和耦合模态控制相结合的主动控制算法，进一步实现对非主控模态的耦合模态控制。另外，模态控制还被应用于加磁流变阻尼器的隔震结构[153]和三层空间结构[154]的振动控制。

鲁棒控制通过适当设计控制器和控制率，实现受控结构的控制性能对自身模型参数不确定性和外部干扰的不敏感。主要包括滑移模态变结构控制和 H_2、H_∞ 控制。滑移模态控制主要包括根据要求设计滑移面和根据滑移面设计控制器使结构反应趋近稳定。当全状态反馈时，滑移面可以由 LQR 或极点配置确定；当只有部分状态可测时，滑移面由极点配置确定。滑移控制器包括饱和控制器和半主动变刚度控制器等，可以由经典的 Lyapunov 直接法设计得到[4]。Singh 和 Matheu 等[155]讨论了基于滑移模态控制的结构地震响应的主动和半主动控制，Yang 和 Wu 等[156]提出结合补偿器的滑移模态控制以实现大型土木工程结构的风振和地震响应控制。赵斌和吕西林等[157]提出基于指数趋近律和幂次趋近律的变结构控制方法用于减小结构地震反应，金峤[158]系统研究了滑移模态控制应用于主动质量阻尼器和调液柱形阻尼器，相邻结构、偏心结构和海洋导管架平台结构，以及与模糊逻辑和 BP 神经网络的应用。Tai 和 Ahn[159]提出基于比例-积分-微分(PID)调谐的自适应滑移模态控制用于形状记忆合金驱动器的振动控制。

H_2 和 H_∞ 控制是设计控制器使得动态闭环系统稳定，并使得传递函数的范数 H_2 或 H_∞ 最小。动态闭环系统通常包括状态变量、观测输出和控制变量。另外，线性二次型最优控制(LQR)是 H_2 控制的一种特殊情况。一般认为 H_2 和 H_∞ 控制对非模态振动、不确定性参数和外界激励有比较好的鲁棒性。传统的 H_∞ 控制需要全状态反馈控制，在此基础上，基于加速度反馈的 H_∞ 控制[160]和基于静态输出反馈的 H_∞ 主动控制[161]被相关学者研究并得到发展。Yang 等[162]在此基础上结合线性矩阵不等性提出了考虑能量有界和幅值有界输入的 H_2 控制器设计。近年来，基于线性矩阵不等性的混合 H_2/H_∞ 控制器设计被广泛研究，如结合降阶建模技术的混合 H_2/H_∞ 控制[163]，分散 H_2/H_∞ 控制[164]和多目标鲁棒 H_2/H_∞ 控制[165]。

近年来被广泛研究用于结构振动智能控制的人工算法包括：模糊逻辑控制、遗传算法和神经网络算法。模糊逻辑控制器基于模糊逻辑推理方法进行系统动态控制。神经网络具有通过学习最佳逼近非线性映射的能力，相较于传统的控制方法将具有较好的学习和自适应能力。最常用的两类神经网络是 BP 算法和 Elman 动态网络算法。遗传算法是基于自然选择和遗传概念的启发式随机搜索技术，特别适用于求解结构上控制机构的最优布置问题。1994年，Yeh和Chiang等[166]基于单自由度和多自由度模型讨论了模糊逻辑理论用于结构主动控制的可行性。Park和Koh等[167]设计了一个分层控制系统用于结构地震响应的主动控制，系统较低阶层的子控制器负责对结构每一层的动力响应进行最优控制，同时系统较高阶层采用模糊逻辑器对各子控制器进行监管。Wen和Ghaboussi等[168]提出一种结合仿真器的神经网络算法用于结构地震响应控制，Kim和Jung等[169]提出使用神经网络的最优控制策略，其中神经网络用于最小化最优控制中的性能指标。相较于单独使用其中一种人工智能算法，近年来多重人工智能算法间的组合越来越多地用于结构动力响应控制，如模糊逻辑和遗传算法的融合用于高层建筑主动控制[170]，神经元-遗传算法用于非线性结构主动控制[171]，使用微种群遗传算法和神经网络训练实现MR阻尼器半主动控制[172]和利用遗传算法优化模糊规律库的遗传-模糊控制算法[173]。

自适应控制是一类具有可变参数的控制器，通常是用来控制参数未知或不确定的动态系统。Astrom和Wittenmark[174]对自适应控制理论进行了系统的归纳和介绍。可以看到，自适应控制一般包括确定性和概率性自校正调节器、模型参考自适应控制、概率性自适应控制和增益调度等。通过在线参数调整实现对参数未知动态系统的控制，主要包括以下四个步骤：选择控制器结构、选择性能准则、在线控制性能评价和在线控制器参数调整。Vipperman和Burdisso等[175]提出两类基于自适应滤波-x最小均方算法(LMS)的结构控制算法，两类方法分别基于无限脉冲响应滤波器(IIR)和自适应有限脉冲滤波器(FIR)。Kim和Adeli[176]提出基于LQR或LQG控制和滤波-x最小均方算法的混合反馈控制算法。模型参考自适应系统(MRAS)一直是自适应控制理论中非常重要的一类控制器。通过设置参考模型实时给出参考信号以调节控制器参数实现在线自适应控制。Chu和Lo等[177]研究了土木工程结构模型参考自适应控制的实时控制性能，周强和瞿伟廉[178]提出非参数模型自适应半主动控制算法用于安装 MR 阻尼器的框架结构振动控制。在模型参考自适应控制算法的基础上，1990 年 Stoten 和 Benchoubane 等提出最小控制合成算法。张凯静和周莉萍等[179]研究了最小控制合成算法用于建筑结构地震反应控制，并提出以地震能量降低模型为最优控制模型设计自适应控制器。Lim 和 Chung 等[180]提出了一种改进的自适应 Bang-Bang 控制策略用于超越设计地震的强地震作用下结构响应控制。Suresh 和 Narasimhan 等[181]提出基于高斯核函数的直接自适应控制用于非线性基础隔震结构的主动控制。Guclu 和 Yazici[182]研究了基于自校正的自适应模糊逻辑控制用于安装 ATMD 的结构在 Marmara Kocaeli 地震作用下的响应控制。Bitaraf 和 Hurlebaus 等[183]应用一简单直接自适应控制对使用主动和半主动装置的受损和未受损结构进行振动控制。

除了上述几类结构振动控制算法之外，各国学者根据实际工程要求出发还陆续提出了振动预测算法[184,185]、基于小波变换振动控制算法[186,187]和最佳预览主动控制算法[188]。

1.4 结构混合健康监测与控制研究

随着结构健康监测和结构振动控制在近几十年来的迅速发展，近十年，特别是近三年，逐渐有学者开始提出并研究结构混合健康监测与控制系统。1999 年，Schulz 和 Pai 等[189]提出对柔性复合材料结构（如复合梁、复合板）等利用压电陶瓷贴片进行基于透过率函数的损伤识别和基于智能阻尼的振动控制。为了实现智能结构的自驱动和自感应，Ray 和 Tian[190]提出了基于闭合回路系统反馈控制的模态频率敏感性分析方法用于结构损伤识别，结合一个单自由度系统和一根悬臂梁的数值算例用以验证所提出的方法。Gattulli 和 Romeo[191]提出了第一个真正意义上用于土木工程结构的在线混合结构参数识别和控制系统，主要依靠基于滑移模态和参考模型的直接自适应控制算法进行在线结构刚度和阻尼识别和振动控制。Xu 和 Chen[192]提出了基于半主动摩擦阻尼器的针对建筑结构的组合振动控制和健康监测系统，并在此基础上进行了数值模拟和验证[193]。其核心思路为通过设置半主动摩擦阻尼器的不同刚度状态以制造已知的结构刚度变化，以此对建筑自身的结构参数进行系统识别。通过识别得到的结构参数用以设计结构振动控制和为损伤识别提供参考状态，即通过应用平衡态卡尔曼滤波实现半主动摩擦阻尼器的局部反馈控制和通过受损结构和未受损结构的结构参数比较诊断损伤并进行模型修正。Lei 和 Lin 等[194]提出基于扩展卡尔曼滤波和线性二次型高斯(LQG)控制的混合健康监测与控制时域方法，即通过扩展卡尔曼滤波识别结构参数然后进行 LQG 振动控制最后识别外部激励荷载力。

可以看到，要实现结构混合健康监测和振动控制，核心内容是实现结构健康监测和结构振动控制之间的互相影响和相互作用。一方面，当结构发生损伤时，通过健康监测识别损伤并调整振动控制策略。Nagarajaigh[195]提出基于时频域信号处理技术(经验模态分解、希尔伯特变换和短时傅里叶变换)进行在线系统识别，然后利用自适应被动、半主动和智能调频质量阻尼器进行结构振动控制。Lin 和 Sebastijanovic 等[196]利用全局振动和局部红外监测识别结构损伤，通过模型修正改变最优控制策略以实现最佳控制效果。另一方面，通过设置结构振动控制来降低已知或未知的结构损伤对结构动力响应的影响，实现结构损伤识别的意义。Bitaraf 和 Barroso 等[197]指出相比于传统振动控制算法，自适应控制对考虑结构损伤的结构系统(时变系统)进行振动控制的优势，并提出利用基于直接自适应控制算法的半主动控制装置(磁流变阻尼器)进行受损结构的振动控制。Duerr 和 Tesfamariam 等[198]提出一种智能可调刚度装置用于修复地震引起的结构损伤,即利用智能结构技术实现结构损伤的修复以替代传统的工程修复技术,如纤维增强复合塑料FRP 加固技术等。

通过整理和归纳已有的研究成果,可以发现适用于建筑结构的混合健康监测与控制系统应该具有以下一些特点:

(1) 实时监测驱动[191,194,195]。这点对于实现智能结构的自感应、自驱动和自修复具有非常重要的意义。在灾害性事件后通过结构系统识别和模型修正得到新的结构参数矩阵以重新设计振动控制策略并不是真正意义上的混合健康监测与控制系统,通过模型修正将系统识别和健康监测同结构振动控制按照先后顺序集成在一起,并不能在结构损伤发生之后瞬时在当前灾害性事件(地震)中迅速做出反应以降低结构损伤产生的不良影响。

(2) 局部反馈控制[192,193]。这点对于保证系统,特别是振动控制的全局稳定具有非常重要的意义。结构局部损伤的产生应该只影响局部楼层的振动控制策略以实现对结构局部损伤的“修复”。

(3) 自适应控制[191,197]。因为结构混合健康监测与控制系统面对的是在服役期可能发生损伤和结构性能退化的建筑结构,所以大部分基于线性时不变假定的传统振动控制算法并不适用于此类情况。同时,自适应控制并不需要太多结构当前状态的信息,因此可以摆脱之前部分混合健康监测与控制研究中对于结构模型修正的依赖,以真正实现实时监测驱动这一特点。

传统的结构健康监测、结构振动控制和本书提出的结构混合健康监测与控制系统的基本组成间的比较如图 1－2 所示。可以看到,融合结构健康监测和结构振动控制的关键在于如何利用结构损伤识别结果指导和调整结构振动控制策略,以实现最优控制。

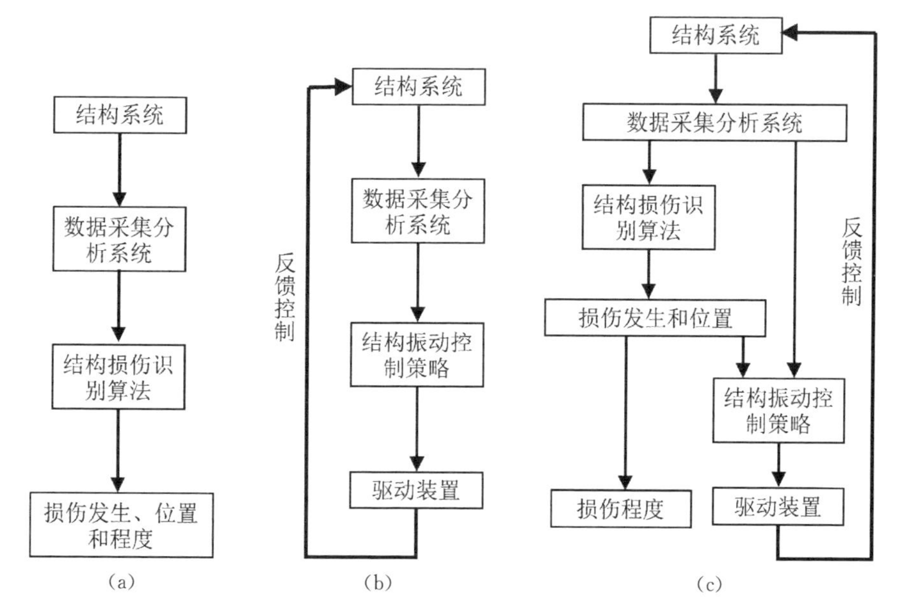

图1-2 (a) 结构健康监测系统构成;(b) 结构振动控制系统构成;(c) 本书提出的结构混和健康监测和控制系统概念的构成

1.5 本书主要研究内容

建筑结构的混合健康监测与控制系统是一个崭新具有广阔前景的研究方向,是真正意义上实现智能结构(自感应、自驱动和自修复)的重要步骤。目前国内外这方面的研究学者很少,处于理论起步和探索阶段,还缺少相应的试验研究成果,存在一些问题需要进一步研究和解决。本书针对适用于建筑结构的混合健康监测与控制系统进行了新的探索和尝试,主要集中在提出新型的基于全局振动监测的在线结构损伤识别方法和基于模型解耦的模型参考自适应控制算法,以组成相应的混合系统。并阐述了提出的在线结构损伤识别算法和基于解耦的模型参考自适应控制算法的相关理论、进行了一系列数值模拟研究和振动台试验验证，以全面的研究本书提出的混合健康监测和控制系统。全书共分 6 章，如图 1－3 所示。

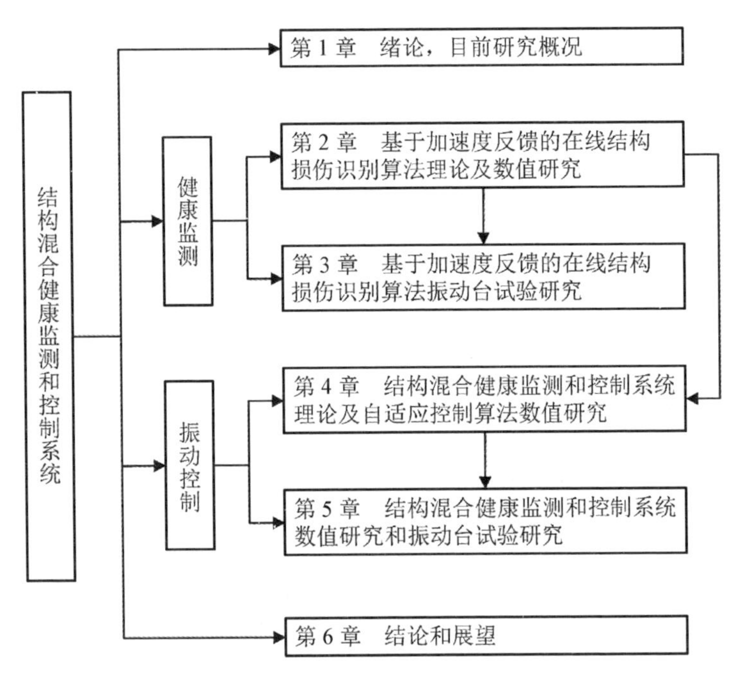

图 1－3　本书章节内容编排

主要研究工作按如下内容具体展开：

第 1 章绪论，回顾和总结了近几十年来结构损伤识别算法和结构振动控制的主要研究成果和进展。在此基础上，对近年来结构混合健康监测与控制系统的研究进行了深入分析，提出了未来结构混合健康监测与控制系统应该具有的三个主要特点。最后归纳了全书的主要研究内容和组织结构。

第 2 章阐述了作为本书研究的结构混合健康监测和控制系统核心构成之一的在线结构损伤识别理论，并通过两个多自由度数值模拟算例对其结构损伤识别能力进行了研究，并进一步讨论了一系列在实际工程应用中可能遇到的对结构损伤识别存在影响的因素，如积分时域长度、不同地震动输入幅值、不同地震动类型和噪声水平等。

第 3 章重点进行了基于加速度反馈的在线结构损伤识别理论的振动台试验研究和验证。通过一个三层铝金属框架结构和一个十二层混凝土框架结构各有侧重的进行研究。三层铝金属框架结构上利用附加不同的弹簧实现结构层间刚度变化以模拟结构损伤。十二层混凝土框架结构则通过持续施加动力荷载以产生自然的结构损伤状态。

第 4 章根据前两章提出的在线结构损伤识别方法特点，相应地提出了基于解耦的模型参考自适应控制算法以组成本书的结构混合健康监测与控制系统。详细阐述了相应的理论推导和基于状态空间方程的混合系统实现。通过一系列基于三自由度结构模型的数值算例，研究了自适应控制算法参数、地震动输入和结构受损程度对基于解耦的模型参考自适应控制算法的影响。

第 5 章进行了结构混合健康监测与控制系统的数值模拟和振动台试验研究。采用与第 2 章中相同的三层剪切型数值模型，研究了在含噪环境下不同损伤工况的混合系统损伤识别和振动控制表现。并进一步，采用与第 3 章中相同的三层铝金属框架结构和附加弹簧组实现结构层间刚度变化，验证了所提出的结构混合健康监测与控制系统在受控结构受损后的损伤识别和振动控制效果。

第 6 章对本书进行了全面的总结，并对结构混合健康监测与控制系统进一步的深入研究进行了展望。

第2章 结构损伤识别理论及数值模拟

发展结构混合健康监测与控制系统,关键的首要步骤是提出满足结构混合健康监测与控制系统特点要求的结构损伤识别算法。第1章1.4节中总结归纳的结构混合健康监测与控制系统第一个特点(实时监测、驱动)要求结构损伤识别算法具有在线识别能力,第二个特点局部反馈控制要求结构损伤识别算法具有损伤定位能力。只有这样,才能在当前灾害性事件(地震)中有效地具有针对性地利用结构振动控制技术来降低结构损伤对结构系统造成的不利影响。同时可以看到,在线损伤识别和损伤定位能力恰恰对应了第1章1.2节中归纳的结构损伤识别的四个目标水准中的水准1和2。基于上述想法,本章首先详细阐述了本书提出的基于加速度反馈的在线结构损伤识别理论,然后分别通过一个三自由度和一个八自由度数值模型研究相应算法的损伤识别能力。

2.1 在线结构损伤识别理论

2.1.1 多自由度系统解耦

考虑一多自由度剪切结构模型作为本书的研究对象,用以模拟建筑

结构系统。系统在外部荷载激励下的运动方程为

$$M\ddot{x}+C\dot{x}+(K+\Delta K)x=Du \tag{2-1}$$

其中，x 是结构位移向量；$\dot{x}$ 和 $\ddot{x}$ 分别是结构速度和加速度向量；u 是外界激励荷载向量，当代表地震荷载输入时，u 是一列地面加速度 $\ddot{x}_g$ 向量；M，C 和 K 矩阵分别代表未受损结构质量、阻尼和刚度矩阵；矩阵 D 决定外界激励荷载的位置。矩阵 ΔK 代表当前结构的受损状态，当结构为健康状态时，ΔK 是零矩阵。已知公式(2-1)包含了一系列线性微分方程，根据力平衡原理，公式(2-1)可以写成如下形式

$$\sum_{j=1}^{n}m_j\ddot{x}_j+c_1\dot{x}_1+(k_1+\Delta k_1)x_1=-\sum_{j=1}^{n}m_ju \tag{2-2}$$

$$\sum_{j=1}^{n}m_j\ddot{x}_j+c_i(\dot{x}_i-\dot{x}_{i-1})+(k_i+\Delta k_i)(x_i-x_{i-1})$$
$$=-\sum_{j=i}^{n}m_ju,\ n\geqslant i\geqslant 2 \tag{2-3}$$

其中，n 是结构系统总的自由度，下标 i 代表了相应矩阵或者向量对应的楼层。

对于第 2～n 楼层对应的公式(2-3)可以做如下转化

$$m_i\ddot{x}_i+c_i(\dot{x}_i-\dot{x}_{i-1})+(k_i+\Delta k_i)(x_i-x_{i-1})$$
$$=-\sum_{j=i}^{n}m_ju-\sum_{j=i+1}^{n}m_j\ddot{x}_j \tag{2-4}$$

公式(2-4)可以进一步写成

$$m_i(\ddot{x}_i-\ddot{x}_{i-1})+c_i(\dot{x}_i-\dot{x}_{i-1})+(k_i+\Delta k_i)(x_i-x_{i-1})$$
$$=-\sum_{j=i}^{n}m_ju-\sum_{j=i+1}^{n}m_j\ddot{x}_j-m_i\ddot{x}_{i-1} \tag{2-5}$$

定义一个新的参量(当前层的层间位移)为

$$Y_i = x_i - x_{i-1} \tag{2-6}$$

则公式(2-5)可以转换成为

$$m_i\ddot{Y}_i + c_i\dot{Y}_i + k_iY_i = -\sum_{j=i}^{n} m_j u - \sum_{j=i+1}^{n} m_j\ddot{x}_j - m_i\ddot{x}_{i-1} - \Delta k_i(x_i - x_{i-1}) \tag{2-7}$$

如果定义一个名义虚拟力为

$$p_i = -\sum_{j=i}^{n} m_j u - \sum_{j=i+1}^{n} m_j\ddot{x}_j - m_i\ddot{x}_{i-1} \tag{2-8}$$

那么公式(2-5)可以进一步转化为

$$m_i\ddot{Y}_i + c_i\dot{Y}_i + k_iY_i = p_i - \Delta k_i(x_i - x_{i-1}) \tag{2-9}$$

同样，对应于第1楼层的公式(2-2)也可以利用类似的推导过程得到

$$Y_1 = x_1 \tag{2-10}$$

$$p_1 = -\sum_{j=1}^{n} m_j u - \sum_{j=2}^{n} m_j\ddot{x}_j \tag{2-11}$$

$$m_1\ddot{Y}_1 + c_1\dot{Y}_1 + k_1Y_1 = p_1 - \Delta k_1 x_1 \tag{2-12}$$

可以看到，定义的参量 Y_i 是相应楼层的层间位移，并且和 x_i 有着相同的单位。同时，公式(2-9)和(2-12)等效于一个单自由度集中质量模型。在公式(2-1)—公式(2-12)的推导中，并没有应用任何特殊或者附加的假定，所以任何可以被公式(2-2)和公式(2-3)描述的动态系统都可以解耦得到一系列相应的单自由度系统，在本书中称为子结构。图2-1描述了这种一般化的解耦过程，在解耦得到的子结构系统中，只包含了相应楼层的质量、阻尼和刚度信息。除了对多自由度系统进行解耦外，从公式(2-9)和公式(2-12)中观察发现另外一个重要特点：在所有可能的结构刚度变化 $[\Delta k_1, \cdots, \Delta k_i, \cdots, \Delta k_n]$ 中，只有当前楼层的刚度变化 Δk_i

会影响相应的单自由度子结构，所以可以认为楼层的刚度变化对结构动力响应的耦合效应通过公式(2－9)和公式(2－12)解耦得到消除。

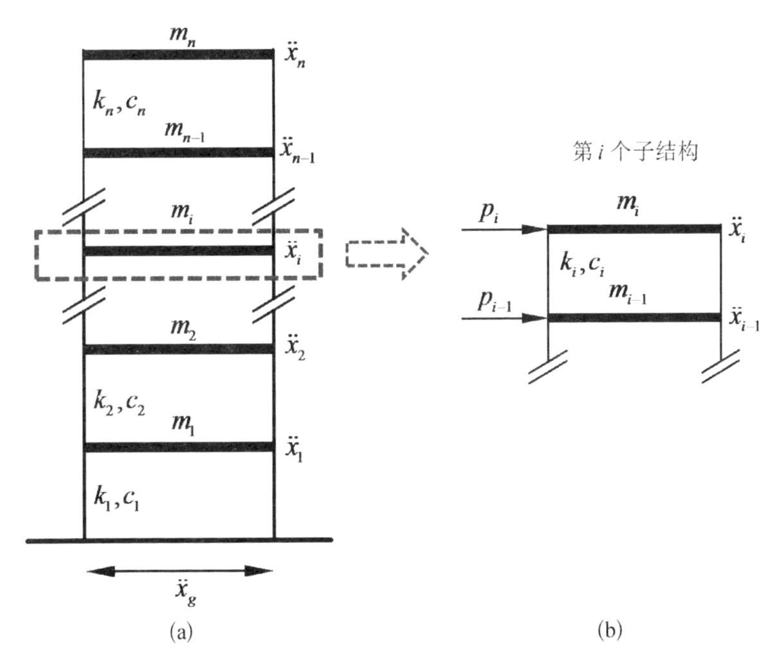

图 2－1　(a) 多自由度剪切型结构；(b) 解耦后得到的等效第 i 个单自由度子结构

2.1.2　基于解耦的结构损伤识别

公式(2－9)和公式(2－12)对应结构当前的损伤状态即未受损($\Delta k_i = 0$)和受损($\Delta k_i \neq 0$)。若要用于结构的损伤识别，需要在相同的外界荷载作用下构建一个虚拟健康结构用以和实际结构作比较。此虚拟健康结构的运动方程可以直接表达为

$$m_i \ddot{Y}_i^r + c_i \dot{Y}_i^r + k_i Y_i^r = p_i;\ i = 1 \sim n \tag{2-13}$$

其中 Y_i^r 是虚拟健康结构相应楼层的层间位移，p_i 是与实际结构相同的虚拟力。概念上分析发现，当结构损伤在相应楼层产生时，结构刚度的

变化可以通过比较实际的层间动力响应 $[\ddot{Y}_i, \dot{Y}_i, Y_i]$ 与估计的虚拟层间相应 $[\ddot{Y}_i^r, \dot{Y}_i^r, Y_i^r]$ 的不同而得到识别。将公式(2-13)分别减去公式(2-9)和公式(2-12),可以得到相应的结构层间响应-结构损伤之间的关系,如下所示:

第 2～n 楼层 $$m_i\ddot{r}_i + c_i\dot{r}_i + k_i r_i = \Delta(k_i - x_{i-1}) \tag{2-14}$$

$$\ddot{r}_i = \ddot{Y}_i^r - \ddot{Y}_i;\ i = 2 \sim n \tag{2-15}$$

第 1 楼层 $$m_1\ddot{r}_1 + c_1\dot{r}_1 + k_1 r_1 = \Delta k_1 x_1 \tag{2-16}$$

$$\ddot{r}_1 = \ddot{Y}_1^r - \ddot{Y}_1 \tag{2-17}$$

很明显,公式(2-14)—公式(2-17)描述的结构损伤识别方法可以应用于各类结构动力响应的测量,如位移、速度和加速度。考虑实际工程应用的可行性,参量 $\ddot{r}_i$ 被选择进行结构损伤识别。可以通过设置一系列相应的监控器用于监测各解耦得到的子结构系统,输出参量 $\ddot{r}_i$。当某子结构系统产生相应的结构刚度变化时,监控器的输出 $\ddot{r}_i$ 将明显增大,不再等于 0。也就是,可以通过检查各监控器的输出 $\ddot{r}_i$ 变化来判断对应子结构楼层的健康状态。

与控制理论中的状态观测器(如卡尔曼滤波)类似,通常利用状态空间方程用于描述和研究监控器的线性行为,以替代传统的高阶微分方程。对应于第 i 个子结构的监控器的状态向量定义为 $\boldsymbol{x}_i = [Y_i^r, \dot{Y}_i^r]_{1\times 2}^{\mathrm{T}}$ 同时监控器的加速度量测输入 $\boldsymbol{w} = [\ddot{x}_1, \ddot{x}_2, \cdots, \ddot{x}_n]_{1\times n}^{\mathrm{T}}$。为了和传统的结构动力方程保持一致,这里的 $\ddot{x}_i$ 是相应楼层的相对于地面的加速度。可以知道,$\ddot{x}_i$ 可以通过量测的楼层绝对加速度减去地面量测的输入绝对加速度得到。如无特殊说明,本书中的监控器的加速度输入均为相对加速度。由此,等效的监控器状态空间方程表达式可以转化得到,如下所示:

$$\dot{\boldsymbol{x}}_i = \boldsymbol{A}_i \boldsymbol{x}_i + \boldsymbol{G} u_i + \boldsymbol{E}_i \boldsymbol{w}$$

$$\ddot{r}_i = \ddot{Y}_i^r - \ddot{Y}_i = \boldsymbol{C}_r \boldsymbol{x}_i + \boldsymbol{G}_r u_i + \boldsymbol{E} \tag{2-18}$$

其中第 $2\sim n$ 楼层

$$\boldsymbol{A}_i = \begin{bmatrix} 0 & 1 \\ -k_i/m_i & -c_i/m_i \end{bmatrix}_{2\times 2}$$

$$\boldsymbol{G}_i = \left[0 \quad -\sum_{j=i}^{n} m_j/m_i\right]_{2\times 1}^{\mathrm{T}}$$

$$\boldsymbol{E}_i = \begin{bmatrix} 0 & \cdots & 0 & 0 & 0 & 0 & \cdots & 0 \\ 0 & \cdots & 0 & -1 & 0 & -m_{i+1}/m_i & \cdots & -m_n/m_i \end{bmatrix}_{2\times n} \tag{2-19}$$

$$\boldsymbol{C}_{r,\,i} = [-k_i/m_i \quad -c_i/m_i]_{1\times 2}$$

$$\boldsymbol{G}_{r,\,i} = -\sum_{j=i}^{n} m_j/m_i$$

$$\boldsymbol{E}_{r,\,i} = [0 \quad \cdots \quad 0 \quad 0 \quad -1 \quad -m_{i+1}/m_i \quad \cdots \quad -m_n/m_i]_{1\times n} \tag{2-20}$$

第 1 楼层

$$\boldsymbol{A}_1 = \begin{bmatrix} 0 & 1 \\ -k_1/m_1 & -c_1/m_1 \end{bmatrix}_{2\times 2}$$

$$\boldsymbol{G}_1 = \left[0 \quad -\sum_{j=1}^{n} m_j/m_1\right]_{2\times 1}^{\mathrm{T}}$$

$$\boldsymbol{E}_1 = \begin{bmatrix} 0 & 0 & \cdots & 0 \\ 0 & -m_2/m_1 & \cdots & -m_n/m_1 \end{bmatrix}_{2\times n} \tag{2-21}$$

$$\boldsymbol{C}_{r,\,1} = [-k_1/m_1 \quad -c_1/m_1]_{1\times 2}$$

$$\boldsymbol{G}_{r,\,1} = -\sum_{j=1}^{n} m_j/m_1$$

$$\boldsymbol{E}_{r,1}=\begin{bmatrix}-1 & -m_2/m_1 & \cdots & -m_n/m_1\end{bmatrix}_{1\times n} \tag{2-22}$$

公式(2-18)—公式(2-22)描述了针对多自由度系统的各监控器的状态空间模型表达。通过各监控器采集结构加速度响应 $\boldsymbol{w}$ 和外界荷载作用 u 作为输入，输出参量 $\ddot{r}_i$，结合公式(2-14)和公式(2-16)描述的参量和结构损伤之间的关系，以评估不同楼层在外界荷载作用下的健康状态。

观察公式(2-14)和公式(2-16)发现，本书提出的在线损伤识别方法能直接探测损伤的发生，通过解耦的各子结构可以确定损伤的位置。但是，进一步观察发现监控器输出 $\ddot{r}$ 同时也会受结构外荷载输入的影响，特别是更大的地面运动输入将导致更大的监控器输出 $\ddot{r}$，这将影响结构损伤的诊断。因此，对监控器输出进行基于结构动力响应量测值的归一化标定显得十分必要，相应的公式为[199]：

$$\ddot{r}_{\mathrm{norm},\,i}(t)=\sqrt{\frac{\int_{t-t_{\mathrm{h}}}^{t}\ddot{r}_i^2(\tau)\mathrm{d}\tau}{\int_{t-t_{\mathrm{h}}}^{t}\bar{y}_i^2(\tau)\mathrm{d}\tau}} \tag{2-23}$$

其中，$\ddot{r}_{\mathrm{norm},\,i}$ 是归一化标定后的第 i 个监控器的输出；$\ddot{r}_i$ 是第 i 个监控器的初始输出；y 是量测向量；t_{h} 代表了用于归一化标定的过去量测值的积分时间域长度。注意到，$\bar{y}_i(t)$ 等于 $\ddot{Y}_i=\ddot{x}_i-\ddot{x}_{i-1}\,(i=2\sim n)$ 并且 $\bar{y}_1(t)=\ddot{Y}_1=\ddot{x}_1$。可以看到，经过公式(2-23)归一化处理后的监控器输出 $\ddot{r}_{\mathrm{norm},\,i}$ 是一个无单位的参量，因此能更好地作为结构损伤诊断的指标。整个基于提出的在线结构损伤识别算法的结构健康监测过程如图 2-2 所示。

如本章引言中所述，本书提出的在线结构损伤识别算法将具备判断结构损伤产生和位置的能力，初步满足了水准 1 和水准 2 的要求。对于如何定量分析结构损伤的程度(水准 3)，将在第 3 章中结合振动台试验研究将以阐述和研究。

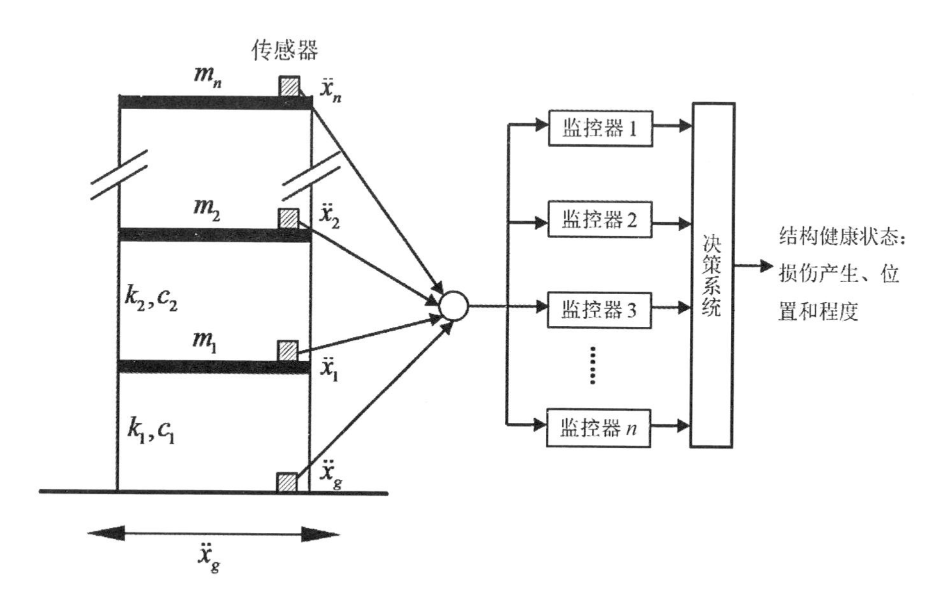

图 2－2　本书提出的结构健康监测系统流程图

2.2　三自由度剪切型结构数值模拟

在本节中对基于 2.1 节提出的在线损伤识别方法进行数值模拟，并对一系列相关影响因素进行研究。采用的三层剪切型结构模型参考自 Yang 和 Wu 等[200]，并被其他学者用于其他在线结构损伤识别方法的研究[199,201]。结构每一层的质量、阻尼和刚度参数均相同，分别为 1 000 kg、1.407 kN · s/m 和 980 kN/m。结构每一层的损伤在本书中定义为结构每一层等效刚度参数的降低，用 α_i 量化结构损伤的程度，其中 i 代表结构损伤对应的楼层。对于初始未受损结构，明显得到 $\alpha_i = 0$，$i = 1 \sim 3$。采用 1940 年 El Centro 地震的南-北向量成分的原始加速度记录作为结构外界动力荷载输入三层数值结构模型，用于结构损伤识别的研究。结构模型的量测物理量为结构三层的绝对加速度和基底加速度输入,采样频率 50 Hz,由此结构反应时间间隔为 0.02 s。

2.2.1 结构时不变损伤

由于环境侵蚀、材料性能退化和长期荷载效应引起的多龄期工程结构损伤,以及由于历史上突发灾害性事件而产生还未及时修复的结构损伤,它们具有共同的特点:在当前灾害性事件(地震)或动力测试加载前已经存在。

对三自由度剪切型结构模型,共定义了三个结构健康状态工况用以结构损伤识别,其中 α_i 为相应楼层的结构等效刚度参数的折减程度,三个工况分别为:

(1) 工况 1 为未受损结构,三层结构损伤程度 $\alpha_1 = \alpha_2 = \alpha_3 = 0$;

(2) 工况 2 为轻微受损结构,三层结构损伤程度 $\alpha_1 = 10\%$, $\alpha_2 = 5\%$, $\alpha_3 = 0$;

(3) 工况 3 为受损结构,三层结构损伤程度 $\alpha_1 = 50\%$, $\alpha_2 = 20\%$, $\alpha_3 = 15\%$。

进行监控器初始输出归一化的公式(2-23)中的积分时间域长度在模拟中设置为 $t_h = 4$ s,即每个时刻采用当前时刻数据点和之前 199 个数据点用于归一化标定。图 2-3 和图 2-4 所示为三个定义工况下的结构损伤识别结果,其中图 2-3 为三个监控器的初始输出,图 2-4 为三个监控器的归一化输出。需要注意的是,在本书中,结构健康监控器的归一化输出图的 Y 轴采用以 10 为底的对数坐标绘制。

观察图 2-3 和图 2-4 可以发现,对应结构不同楼层不同健康状态的结构损伤(刚度降低)通过健康监控器的初始输出和归一化输出得到清楚的识别。工况 1 的监控器输出作为参考基准,用以后续工况的损伤识别。在工况 2 中,楼层 1 和楼层 2 分别定义了 10%和 5%刚度折减,这一刚度改变信息反映在图 2-3(b)和(c)的监控器初始输出轻微的增

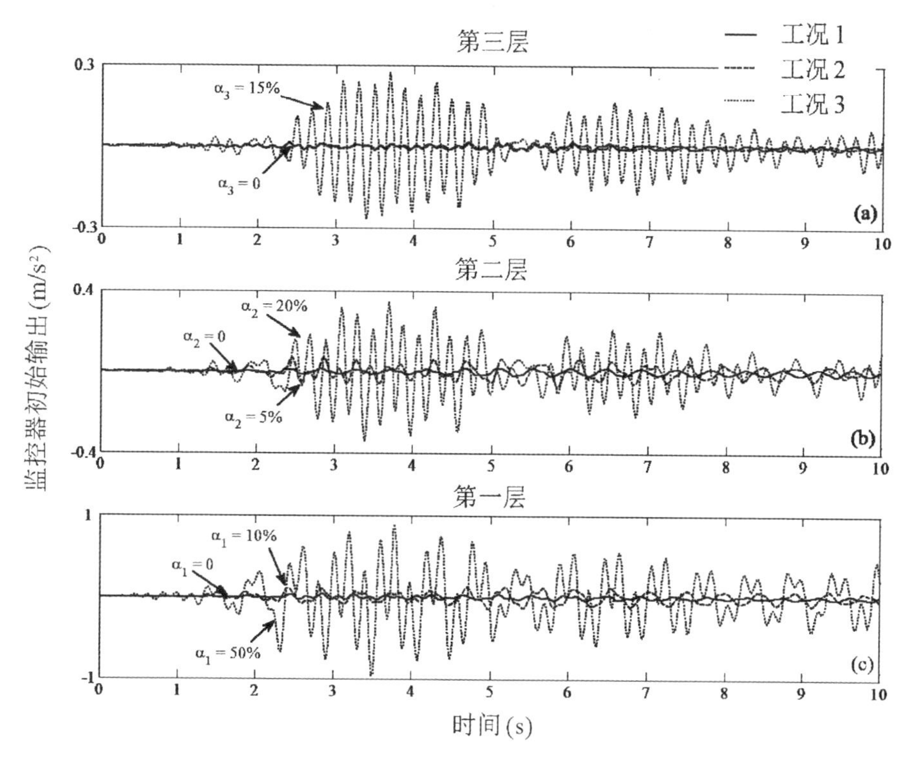

图 2-3　三层剪切型结构模型不同健康状态下的健康状态监控器初始输出结果：(a)为对应楼层 3 的监控器输出；(b)为对应楼层 2 的监控器输出；(c)为对应楼层 1 的监控器输出；其中工况 1　$\alpha_1=\alpha_2=\alpha_3=0$，工况 2　$\alpha_1=10\%$，$\alpha_2=5\%$，$\alpha_3=0$，工况 3　$\alpha_1=50\%$，$\alpha_2=20\%$，$\alpha_3=15\%$

大，并更明显地反映在图 2-4(b)和(c)的监控器归一化输出明显的提升中。同时，对应楼层 3 的监控器初始输出的图 2-3(a)和归一化输出的图 2-4(a)并没有发生明显的增大和提升，表明在工况 2 中楼层 3 的结构刚度状态并未改变。

在工况 3 中，结构各层刚度均发生了明显的刚度折减。这时可以观察图 2-3 发现对应 3 个楼层的监控器初始输出(短虚线)相较于前两个工况有了明显的增大，预示结构模型产生了较大程度的损伤。类似的结论同样在图 2-4 中可以观察得到，短虚线对应的健康监控器归一化输出相比于工况 1 有了明显的提升。

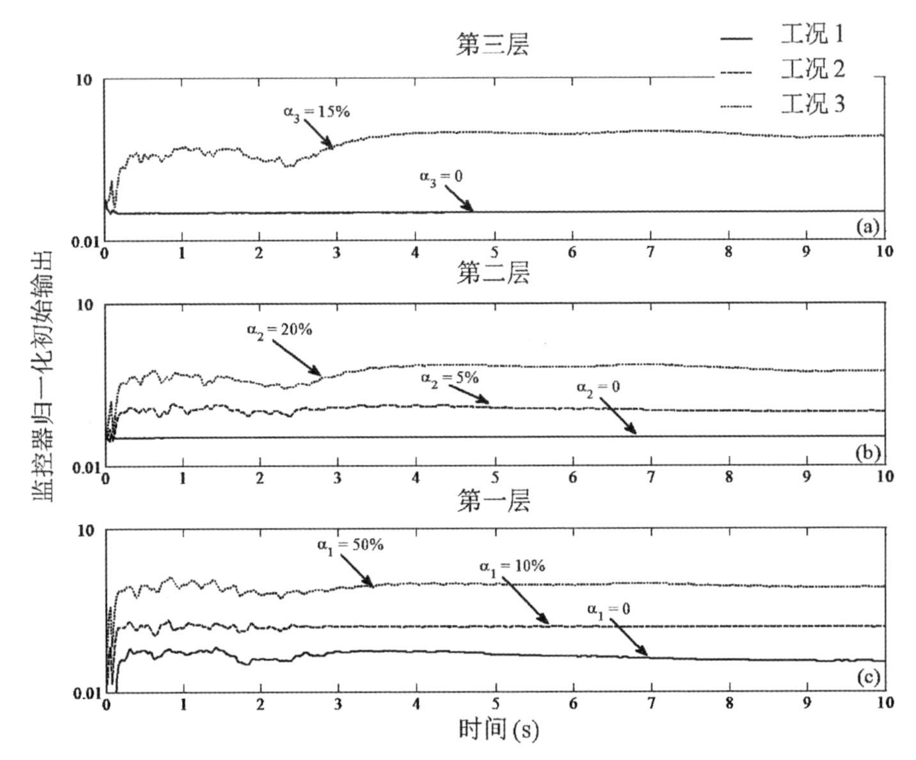

图 2-4 三层剪切型结构模型不同健康状态下的健康状态监控器归一化输出结果：(a)为对应楼层 3 的监控器归一化输出；(b)为对应楼层 2 的监控器归一化输出；(c)为对应楼层 1 的监控器归一化输出；其中工况 1 $\alpha_1=\alpha_2=\alpha_3=0$，工况 2 $\alpha_1=10\%$，$\alpha_2=5\%$，$\alpha_3=0$，工况 3 $\alpha_1=50\%$，$\alpha_2=20\%$，$\alpha_3=15\%$

综合上述三个工况识别结果，首先证明了不同楼层的结构损伤对结构动力响应的耦合影响通过 2.1 节推导的方法成功解耦。每一层结构损伤将只影响对应楼层的健康监控器的初始输出和归一化输出，同时表明结构损伤的程度将直接反映在监控器初始输出的增大和归一化输出的提升中。

图 2-3 和图 2-4 的结果是三个损伤工况下基于结构绝对加速度响应的量测得到的。在数值模拟过程中，加速度量测值是理想状况，即未受到量测噪声的污染。对于结构健康监测和振动控制，量测噪声对算法的影响是研究相应损伤识别和振动控制算法的很重要的一个方面。因此，在图 2-3 和图 2-4 的基础上，通过对结构绝对加速度响应添加

信噪比(Signal-to-Noise Ratio,SNR)为 30 dB 的白噪声用以模拟实际含噪声的情况。在此基础上,通过计算得到三个定义损伤工况下的结构损伤识别结果,监控器初始输出和归一化输出分别如图 2-5 和图2-6所示。

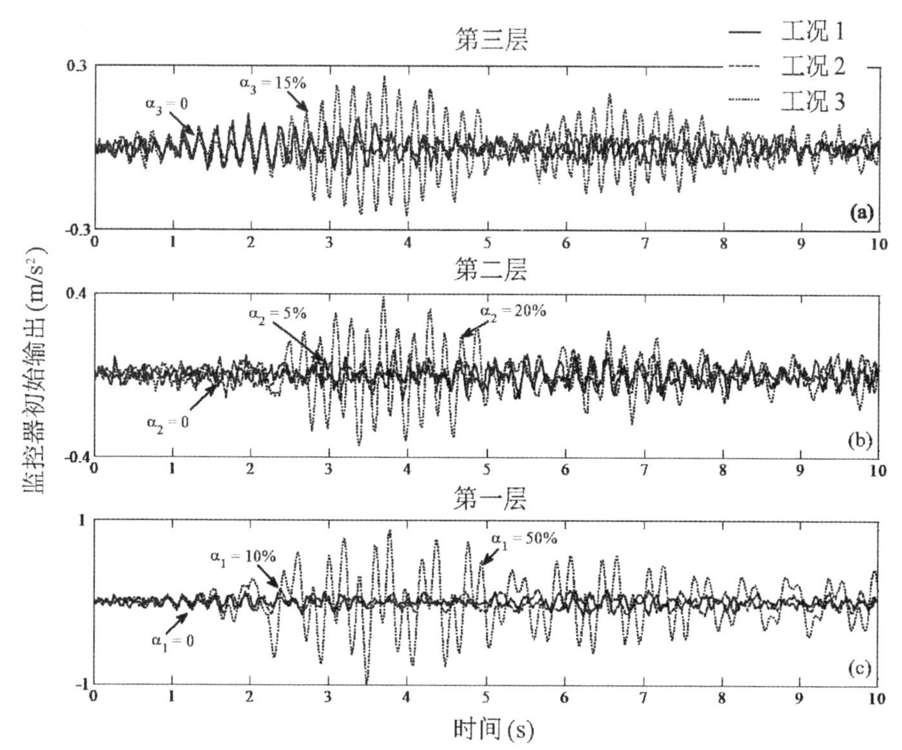

图 2-5　三层剪切型结构模型不同健康状态下的健康状态监控器初始输出结果(SNR=30 dB):(a)为对应楼层 3 的监控器输出;(b)为对应楼层 2 的监控器输出;(c)为对应楼层 1 的监控器输出;其中工况 1　$\alpha_1=\alpha_2=\alpha_3=0$,工况 2　$\alpha_1=10\%$, $\alpha_2=5\%$, $\alpha_3=0$,工况 3　$\alpha_1=50\%$, $a_2=20\%$, $\alpha_3=15\%$

可以看到,在对结构加速度响应量测值添加 30 dB 的噪声后,工况 1 下的未受损结构健康监测器的初始输出和归一化输出(细实线)受到了一定程度的影响。直接表现在:相对于图 2-3,图 2-5 中初始输出毛刺增多和幅值增大;相对于图 2-4,图 2-6 中归一化输出相对位置的轻微提升。同样,工况 2 代表的结构轻微损伤识别结果也受到了噪声的影

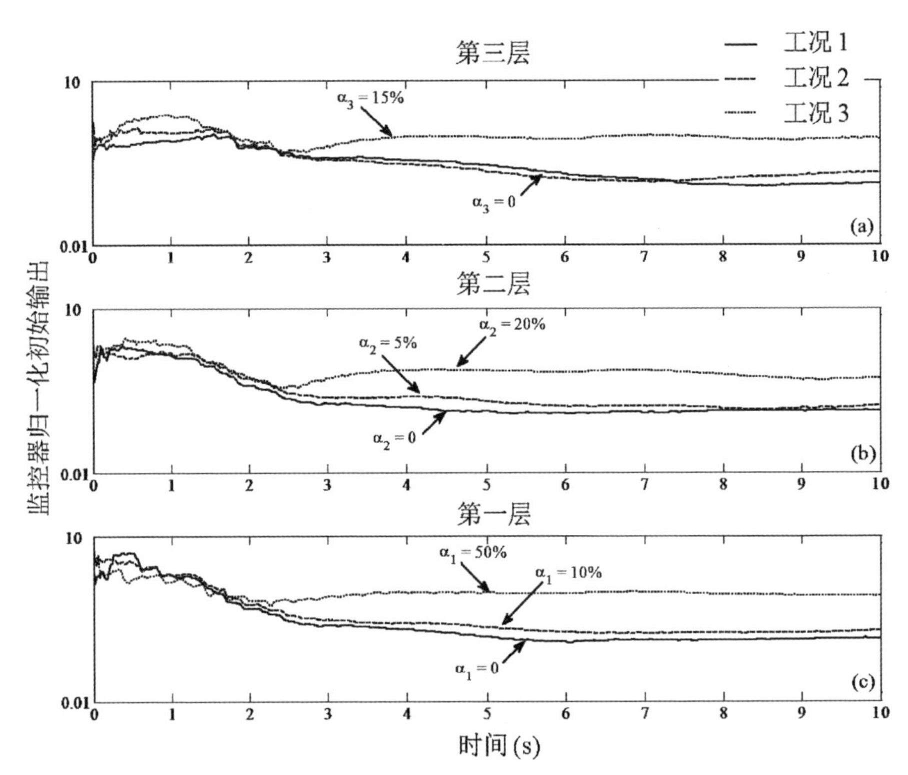

图 2-6　三层剪切型结构模型不同健康状态下的健康状态监控器归一化输出结果（*SNR*=30 dB）：(a)为对应楼层 3 的监控器归一化输出；(b)为对应楼层 2 的监控器归一化输出；(c)为对应楼层 1 的监控器归一化输出；其中工况 1　$\alpha_1=\alpha_2=\alpha_3=0$，工况 2　$\alpha_1=10\%$，$\alpha_2=5\%$，$\alpha_3=0$，工况 3　$\alpha_1=50\%$，$\alpha_2=20\%$，$\alpha_3=15\%$

响：初始输出的增大在图 2-5(b)和(c)中并不如图 2-3(b)和(c)中那样易于观察得到；归一化输出相对明显的提升在图 2-6(b)和(c)中并不如在图 2-4(b)和(c)中那样明确。然而，工况 2 中楼层 1 和楼层 2 定义的 10%和 5%刚度折减仍然较准确地在图 2-6(b)和(c)中识别得到。相对于工况 2 的轻微损伤状态，可以看到噪声的存在对于结构中等程度受损的工况 3 的损伤识别影响较小。无论是监控器初始输出（图 2-5 中的短虚线）还是归一化输出（图 2-6 中的短虚线）都明确地指出了不同楼层间各自的结构刚度改变。如上所述，本书提出的在线损伤识别方法主要通过初始输出振荡幅值的明显增大和归一化输出位置的相对提升来识别结构损伤发生和位置。因此,噪声的存在对监控器初始输出和归一化输出的影响一定程度上会影响损伤诊断的结果,特别是轻微小损伤状态(5%～10%楼层刚度降低)的情况。

2.2.2　结构时变损伤

结构在地震等灾害性事件到来前已经存在的结构损伤,可以通过日常维护和结构加固进行提前处理。结构在突发灾害性事件过程中产生的突然刚度衰减,目前并没有有效的方法进行处理。工程中主要通过提前在结构设计阶段中布置良好的细部构造保证结构足够的延性来保证结构安全。为了实现本书提出的结构混合健康监测与控制系统实时监测驱动的特点,对结构时变损伤的在线诊断定位显得尤为重要。

采用与 2.2.1 节相同的三自由度剪切型结构模型,共定义了三个结构健康状态工况用以结构损伤识别,分别为:

(1) 工况 1 为未受损结构,三层结构损伤程度 $\alpha_1 = \alpha_2 = \alpha_3 = 0$;

(2) 工况 2 为轻微受损结构,在整个动力激励过程中第二层和第三层结构未受损即 $\alpha_2 = \alpha_3 = 0$,第一层结构在动力激励的前 7 秒刚度不变 $\alpha_1 = 0$,在第 7 秒时产生 25%的结构刚度折减,即 $\alpha_1 = 25\%$;

(3) 工况 3 为受损结构,在整个动力激励过程中第三层结构未受损 $\alpha_3 = 0$,第一层结构在动力激励的前 5 秒刚度不变 $\alpha_1 = 0$,在第 5 秒时产生 50%的结构刚度折减 $\alpha_1 = 50\%$,第二层结构在动力激励的前 7 秒刚度不变 $\alpha_2 = 0$,在第 7 秒时产生 20%的结构刚度折减 $\alpha_2 = 20\%$。

采用与 2.2.1 节相同的损伤识别算法参数设置 $t_h = 4$ s 和对量测的结构绝对加速度响应添加信噪比为 30 dB 的白噪声用以模拟真实测试环境。三个定义工况下的三个结构健康监控器的初始输出如图 2-7 所示,归一化输出如图 2-8 所示。

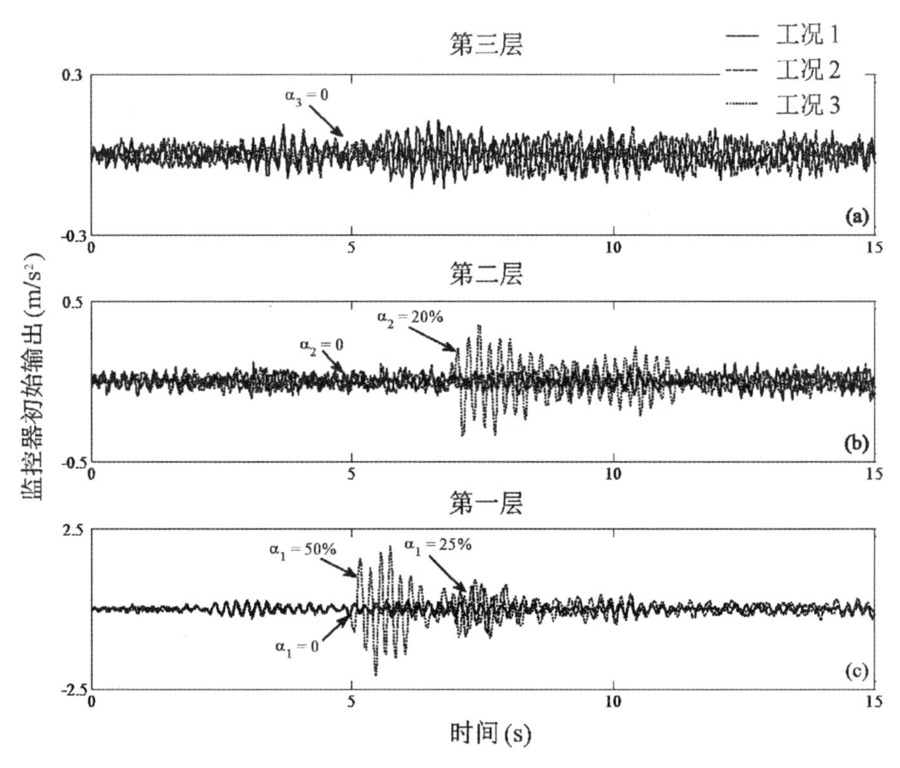

图 2-7　三层剪切型结构模型不同健康状态下的健康状态监控器初始输出结果 (SNR=30 dB)：(a)为对应楼层 3 的监控器输出；(b)为对应楼层 2 的监控器输出；(c)为对应楼层 1 的监控器输出；其中工况 1　$\alpha_1=\alpha_2=\alpha_3=0$，工况 2　$\alpha_1=0\sim25\%$, $\alpha_2=\alpha_3=0$，工况 3　$\alpha_1=0\sim50\%$, $\alpha_2=0\sim20\%$, $\alpha_3=0$

与结构时不变损伤的数值模拟结果类似，工况 2 和工况 3 的结构损伤状态清楚地显示在监控器的初始输出和归一化输出结果上。由于工况 3 更大程度的刚度变化引起的初始输出剧烈增大导致图 2-7(c)中工况 2 在第 7 秒 25%刚度变化引起的初始输出相对不容易观察发现。然而，图 2-8(c)中健康监控器 1 的归一化输出(长虚线)清晰的突然增大预示着工况 2 中第一楼层在第 7 秒时产生了刚度突变。

与之类似，工况 3 中楼层 1 在第 5 秒时 50%的刚度突变和楼层 2 在第 7 秒时 20%的刚度突变均被明确地识别在图 2-7(b)和(c)和图 2-

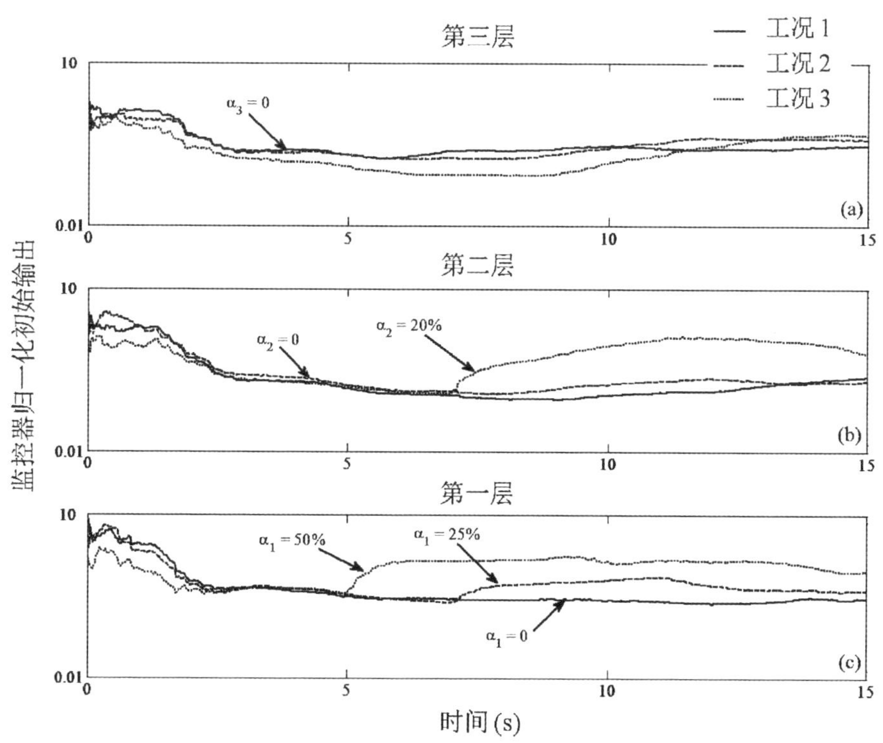

图 2-8　三层剪切型结构模型不同健康状态下的健康状态监控器归一化输出结果 ($SNR=30$ dB)：(a)为对应楼层 3 的监控器输出；(b)为对应楼层 2 的监控器输出；(c)为对应楼层 1 的监控器输出；其中工况 1　$\alpha_1=\alpha_2=\alpha_3=0$，工况 2　$\alpha_1=0\sim25\%$，$\alpha_2=\alpha_3=0$，工况 3　$\alpha_1=0\sim50\%$，$\alpha_2=0\sim20\%$，$\alpha_3=0$

8(b)和(c)中。监控器输出的表现与 2.2.1 节识别结构时不变损伤时一致，均表现为初始输出的突然增大和归一化输出的相对位置提升。

另外，对于未受损状态，结构健康监测器的初始输出和归一化输出均保持了必要的稳定性。例如，对于在三个工况中未受损的楼层 3，相应的健康监控器 3 在工况 2 和 3 中均保持了与工况 1 相似的初始输出和归一化输出，分别如图 2-7(a)和图 2-8(a)所示。在图 2-7(b)—(c)和图 2-8(b)—(c)中观察发现，在假设的时变损伤发生前，楼层 2 和 3 对应的健康监控器 2 和 3 的初始输出和归一化输出也保持了与工况 1 未受损状态时类似的输出水平。

2.2.3 识别结果的影响因素分析

在实际工程应用过程中，存在很多可能影响结构损伤识别效果的因素。例如，积分时间域长度 t_h 的选择、地震动输入幅值、类型和实际量测噪声水平等。在本节中，将基于之前的三层剪切型结构模型对相关可能的影响因素做出评价，以更深入地研究本章提出的基于解耦的在线结构损伤识别方法。

2.2.3.1 积分时域长度

在公式(2-23)中，归一化输出是通过对初始输出进行积分运算。通过之前的数值模拟已经发现，归一化输出对于进行结构损伤识别具有重要的意义。因此，研究公式(2-23)中积分时域长度是很有必要的。损伤工况定义为 $\alpha_1=\alpha_2=\alpha_3=25\%$，在有量测噪声的情况下楼层三对应的监控器初始输出为研究对象。通过改变积分时域长度 t_h，得到一系列监控器归一化输出时域曲线，如图 2-9 所示。可以发现，随着积分时域长度的增加，监控器归一化输出变得越来越光滑，曲线毛刺和上下震荡明显减少。但是，需要注意的是，由于积分时域的增加，归一化计算中需要的过去时刻的数据点也会增加，因此会在一定程度上影响监控器在线识别刚度突变的能力。

2.2.3.2 地震动输入幅值

在 2.1 节中为了消除由于地震动输入变化引起的监控器初始输出的变化，本书提出了基于公式(2-23)的归一化输出。在此，对归一化效果进行分析。仍然采用与 2.2.1 节相同的三层剪切模型，同时定义损伤工况定义为第一层和第二层结构未受损 ($\alpha_1=\alpha_2=0$)，在第三层结构发生 25%的刚度折减 ($\alpha_3=25\%$)。结构模型的外界动力荷载输入为 1940 年 El Centro 地震的南-北向量成分的加速度记录，且加速度幅值

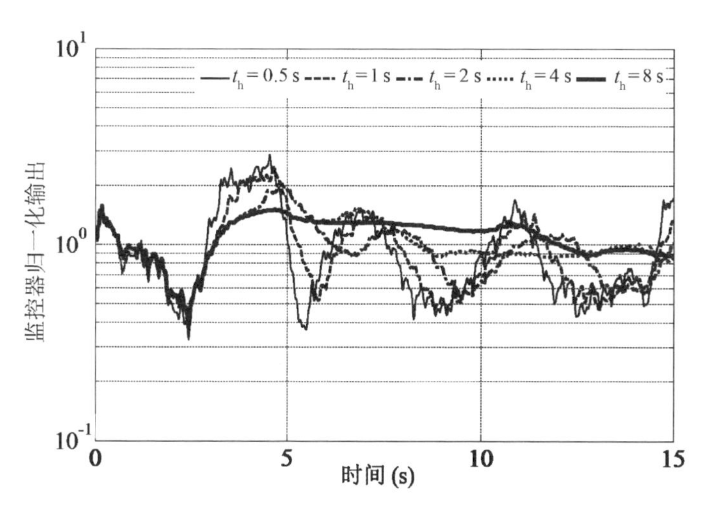

图 2-9　不同时域积分长度 t_h 对结构健康监控器归一化输出的影响

调幅为 100 gal、200 gal 和 400 gal。同样对量测的结构绝对加速度响应添加信噪比为 30 dB 的噪声。由此得到第三层结构健康监控器的输出如图 2-10 所示。

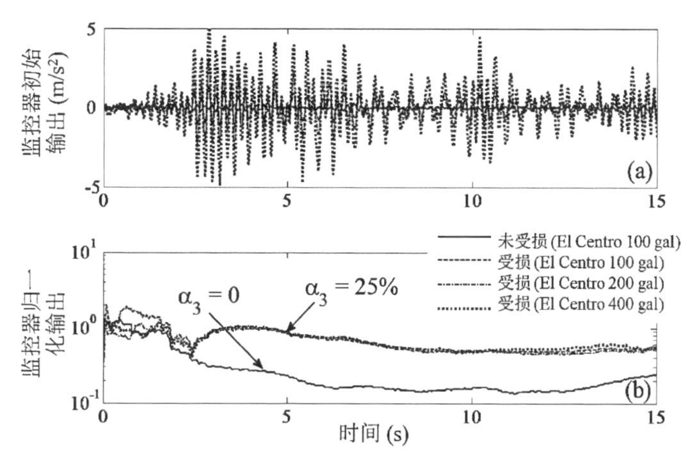

图 2-10　不同地震动输入幅值对监控器输出影响：(a) 初始输出；(b) 归一化输出

图 2-10(a)表明了结构健康监控器初始输出随着结构外界动力荷载的幅值增加而增大的特性。这个发现说明如果用于比较的工况

间的外界动力荷载输入存在明显的幅值差异，那么用初始输出的增大进行损伤识别和诊断存在一定的问题。但是，如果外界动力载荷是可重复的人工激励(如激振器)，那么基于初始输出的损伤识别仍然是可靠的。观察图 2-10(b)可以发现即使地震动输入幅值从 100 gal 增大 4 倍到400 gal，与未受损状态的输出相比，受损状态下的相应的监控器归一化输出存在明显且一致的提升。这说明公式(2-23)的归一化处理能有效消除由于外界荷载幅值变化引起的监控器初始输出的改变，保证归一化输出与结构损伤位置和程度间明确直接的指示关系。

2.2.3.3　不同地震动输入

除了地震动幅值的区别，在实际的工程应用中不存在两次完全相同的地震波输入。这就要求损伤识别指标不仅仅对地震动幅值同样对地震动输入类型也要不敏感。采用与 2.2.3.2 节相同的结构模型、损伤工况设置 ($\alpha_1 = \alpha_2 = 0$，$\alpha_3 = 25\%$) 和噪声水平 30 dB。外界动力荷载输入分别选取 1940 年 El Centro 地震南-北向量成分的加速度记录和 1994 年 Northridge 地震南-北向量成分的加速度记录。对于未受损工况，采取输入 El Centro 波且调幅为 100 gal。对于定义的受损工况，采取输入 El Centro 波和 Northridge 波且调幅为 200 gal。采样频率均为 50 Hz，结构反应时间间隔为 0.02 s。用于结构受损工况的调幅后的两条地震波如图 2-11 所示。

图 2-12 所示为对应结构第三层的健康监控器的初始输出和归一化输出。从图 2-12(a)中可以发现，在不同地震动输入下的健康监测初始输出在结构受损后均有了明显的增大。同时，受损状态下不同地震动输入对应的初始输出在时域内有着明显的不同。对应 El Centro 波的初始输出(长虚线)在 2～5 s 间有着较大的幅值，而对应 Northridge 波的

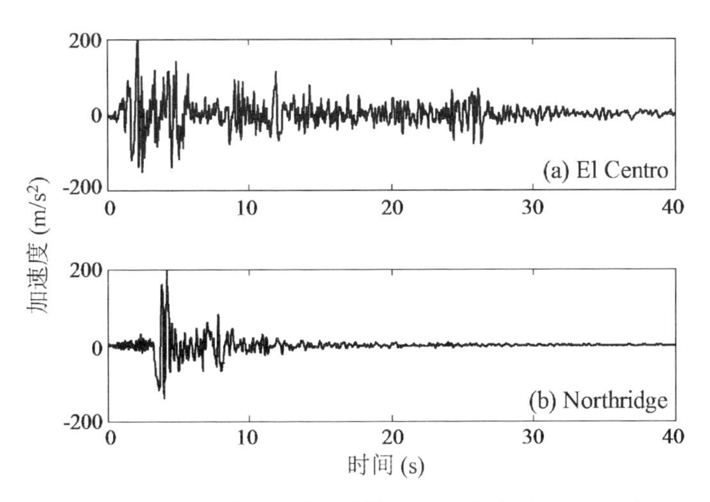

图 2-11　用于受损结构的两条地震波输入：(a) 调幅为 200 gal 的 El Centro 波南北向量；(b) 调幅为 200 gal 的 Northridge 波南北向量

初始输出(短虚线)在 2～5 s 间并未体现相同的特点。由公式(2-14)和公式(2-16)可知，监控器初始输出同时受结构所在层刚度变化和结构层间位移的影响。在结构刚度变化相同的情况下，不同地震动输入产生的结构层间位移间的不同会导致监控器初始输出在时域上的不同。不过与图 2-10(b)类似，从图 2-12(b)中可以发现，经过归一化处理的监控器输出能有效消除不同地震动输入对其的影响，而保持与结构损伤之间直接的指示关系。这一点在下一章的振动台试验中将进一步得到验证。

2.2.3.4　噪声水平

分析图 2-3—图 2-8 可以发现结构动力响应的不同量测噪声水平对结构健康监控器的初始输出和归一化输出影响较大，特别是结构损伤程度相对较小的情况。因此需要研究不同的量测噪声水平对结构损伤识别的影响。

采用与 2.2.1 节相同的三自由度剪切型数值模型和 El Centro 地震南北向量成分，定义在结构第一层不同的结构刚度折减 ($\alpha_1 = 1\% \sim$

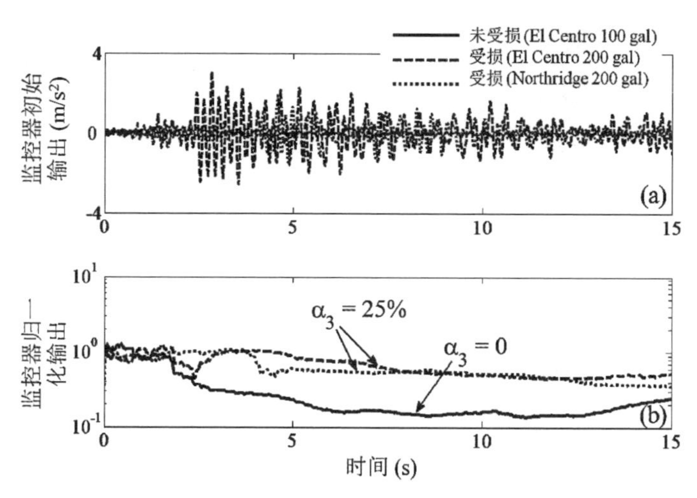

图 2-12　不同类型地震动输入对监控器输出影响：(a) 初始输出；(b) 归一化输出

40%)，对量测的加速度响应施加不同程度的噪声水平(SNR=20,30,40,50 dB)，来评价在不同结构损伤程度和不同噪声水平下结构健康监测器归一化输出的变化。其中，以归一化输出的平稳段均值作为归一化输出变化的评价指标，相应变化关系如图 2-13 所示。

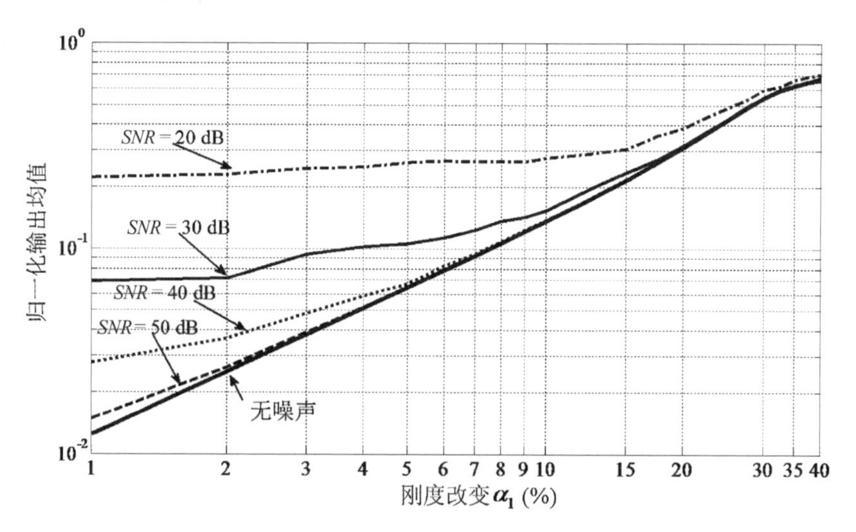

图 2-13　量测噪声水平在不同结构刚度变化条件下对监控器归一化输出均值的影响(信噪比 SNR)

观察图 2 - 13 可以清楚地看到，随着结构第一层损伤程度的增加，归一化输出的均值也相应地增加。这一点符合 2.2.1 和 2.2.2 节中归一化输出相对位置的提升表明相应子结构损伤程度增加的认识，说明归一化输出可以作为一种进行结构损伤程度识别的有效手段。在下一章中，将详细阐述基于归一化输出的结构损伤程度估计。另外，可以发现当结构量测噪声水平较高时，即 SNR 小于 40 dB 时，归一化输出均值在小结构损伤范围（$\alpha_1 < 10\%$）内的增长趋势相比于无噪声的理想状态不够明显。这点说明，如果实际工程应用时的量测噪声水平较高，那么早期较小的结构损伤将比较难以诊断识别。不过从当前的数值算例中可以看到，当结构损伤发展到一定程度（$\alpha_1 > 15\%$）后，结构量测噪声对结构损伤识别的影响将会逐渐降低。

2.3　八自由度剪切型结构数值模拟

在 2.2 节三自由度剪切型结构的基础上，数值模拟研究中的第二个数值模型为一个八自由度剪切型结构[202]。结构每一层的质量、阻尼和刚度参数均相同，分别为 345 600 kg、100 000 N·s/m 和 340 400 kN/m。仍然用 α_i 量化结构损伤的程度，其中 i 代表结构损伤对应的楼层。采用 1940 年 El Centro 地震的南-北向量成分的原始加速度记录作为结构外界动力荷载输入到八层数值结构模型，用于结构损伤识别的研究。结构模型的量测物理量为结构各层的绝对加速度响应和基底加速度输入，采样频率 50 Hz，结构反应时间间隔为 0.02 s。加速度响应量测中假设噪声水平为 $SNR = 40$ dB。

定义工况 1 为结构未受损状态，即 $\alpha_i = 0$，$i = 1 \sim 8$。工况 2 为结构受损状态，其中在结构第一层、第三层和第八层分别有 40%、20% 和

20%的层间刚度折减，即 $\alpha_1 = 40\%$，$\alpha_3 = 20\%$，$\alpha_8 = 20\%$，$\alpha_2 = \alpha_4 = \alpha_5 = \alpha_6 = \alpha_7 = 0$。图 2-14 所示为结构健康监控器在不同结构健康状态下的归一化输出。

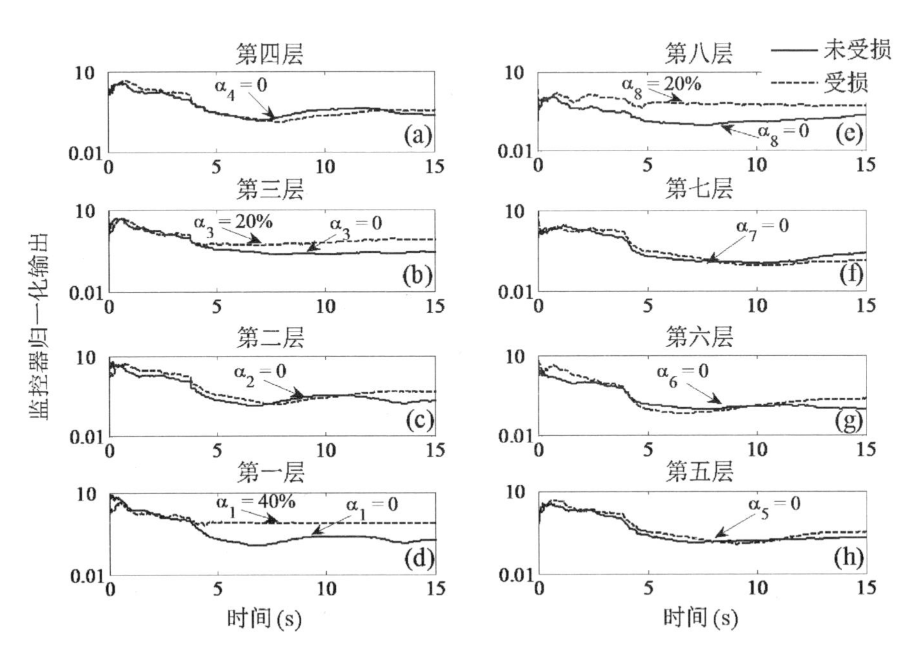

图 2-14　八层剪切型结构模型不同健康状态下的健康状态监控器归一化输出结果：(a) 楼层 4 对应监控器归一化输出；(b) 楼层 3 对应监控器；(c) 楼层 2 对应监控器；(d) 楼层 1 对应监控器；(e) 楼层 8 对应监控器；(f) 楼层 7 对应监控器；(g) 楼层 6 对应监控器；(h) 楼层 5 对应监控器

可以看到，在结构受损情况下楼层 1、3 和 8 对应的监控器归一化输出相对于未受损情况都有了明显的位置提升。同时，其余楼层对应的监控器归一化输出在两个工况间并未有明确的位置变化即没有明显的位置提升，仍呈现相似的位置关系，表明在这 5 个楼层中并未有结构刚度变化的产生。所以，即使面对自由度较多的数值模型下的多损伤状态，本章提出的基于加速度反馈在线损伤识别方法仍然具有较好的损伤识别能力。

2.4 本章小结

本章提出了一种在线结构损伤识别算法，通过将多自由度剪切型结构模型解耦成为一系列单自由度子结构，消除局部结构损伤对结构整体动力响应的耦合影响。在此基础上，通过定义一个虚拟的健康系统构建一个结构健康监控器，基于监控器初始输出和归一化输出进行在线结构损伤识别和定位。然后，基于一个三自由度和一个八自由度剪切模型分别进行了数值模拟验证，研究了一系列在实际工程应用中可能遇到的对结构损伤识别存在影响的因素，如积分时域长度、不同的地震动输入幅值、不同的地震动类型和噪声水平等。初步得到以下几点结论：

(1) 本章提出的基于加速度反馈的在线结构损伤识别算法能实时地准确识别结构损伤的产生、发展和位置，这对于接下来发展基于此方法的结构混合健康监测与控制系统非常关键。

(2) 不同的积分时域长度 t_{h} 会影响监控器归一化输出的平滑程度但不会明显改变归一化输出的相对位置。

(3) 不同的地震动输入特性(种类和幅值)会影响监控器初始输出的幅值，但不会明显影响监控器归一化输出的相对位置。

(4) 监控器归一化输出的均值和结构损伤的程度有着良好的单向相关性，同时，良好的量测噪声水平有助于结构早期小损伤的诊断。

在本章理论推导和数值模拟的基础上，第 3 章将分别基于一个三层金属结构模型和一个十二层混凝土结构模型进行损伤识别方法的振动台试验验证，并将提出基于监控器归一化输出的数值预测曲线的损伤程度估计方法。

第3章 结构损伤识别方法试验研究

在第2章在线结构损伤识别方法理论和数值模拟的基础上，本章将着重开展基于加速度反馈的在线结构损伤识别方法的相关试验研究，主要利用一个三层铝质金属结构和一个十二层钢筋混凝土框架结构的振动台试验结果。在三层铝质金属结构试验中，通过附加弹簧组实现试验结构模型底层不同的层间刚度状态人工模拟结构损伤状态，以此研究损伤识别算法在不同结构损伤程度下的诊断能力。同时，在三层铝质金属结构的试验研究中，提出一种基于监控器归一化输出的结构损伤程度估计方法。在金属结构人工模拟损伤的基础上，通过持续模拟地震动输入到十二层钢筋混凝土框架结构，以此研究结构损伤识别算法对天然的结构裂缝发生、发展和位置的诊断能力。

3.1 三层铝质金属结构

3.1.1 振动台试验基本信息

采用的三层铝质试验结构模型和单向振动台如图3-1所示。试验模型主要模拟剪切型结构，结构三层间的4根角柱为4根直径为

9 mm,长度为 1.68 m 的金属直棒,结构三层楼面为 3 块铝质矩形板(长 0.61 m,宽 0.51 m,厚 0.013 m),计算得到结构模型每层的质量为 11.09 kg。

与第 2 章中结构损伤的定义类似,用附加弹簧组实现结构第一层层间刚度的变化。试验中共使用了两组不同型号的弹簧,定义安装了具有较大弹簧刚度的弹簧组的试验结构状态为本次试验的完好未受损结构,安装具有较小弹簧刚度的弹簧组和未安装弹簧组的试验结构状态为本次试验的两个受损状态,用以研究算法的损伤识别、定位和损伤程度估

图 3-1　三层铝质金属结构模型及单向振动台

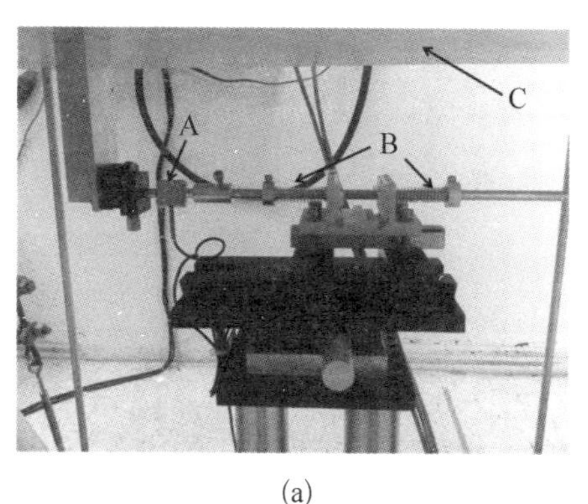

(a)

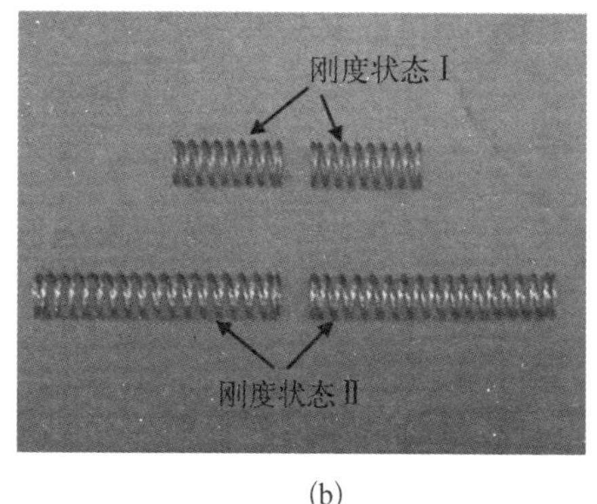

(b)

图 3-2　(a) 用来提供结构底层附加层间刚度的弹簧组安装装置,A: 力传感器,B: 附加弹簧组,C: 第一层楼面;(b) 两种用于不同工况的弹簧组

计能力。试验中在结构底层的附加弹簧组安装情况和不同工况相应使用的弹簧组如图 3-2 所示。采用弹簧组的原因在于避免单个弹簧在动态受压和受拉不同状态下可能存在的不同动态刚度表现以及不同的极限形变能力。利用成对的弹簧组将始终有一个弹簧受压一个弹簧受拉的设计,保证在动力加载过程中在相反的振动方向上实现对称的附加刚度。

单向振动台将模拟地震波输入三层铝质金属结构模型,其中模拟地震波选择为 1995 年 Kobe 地震波的南北成分加速度记录。由于试验结构为缩尺结构,所以地震波的时间间隔设定为 0.004 s,同时输入的加速度幅值为 0.2g。试验中结构测量物理量为结构基底和各楼面的相对位移和绝对加速度,采样频率设定为 250 Hz。表 3-1 总结了结构三个刚度状态及其对应的试验信息及参数。

表 3-1　结构刚度状态和试验信息

刚度状态	附加刚度 k_s(N/m)	加载时长 (s)	采样频率 (Hz)	定义健康状态
Ⅰ	2 088.8	10.08	250	完好未受损
Ⅱ	941.8	10.08	250	受损
Ⅲ	0	10.08	250	受损

为了识别三层金属结构模型的相关结构参数,非线性卡尔曼滤波器用于完好未受损结构参数的在线时域识别。假设各层质量已知,滤波器的状态可以设置为 $x=[z_1, z_2, z_3, \dot{z}_1, \dot{z}_2, \dot{z}_3, k_1, k_2, k_3, c_1, c_2, c_3]^{\mathrm{T}}$,其中 z_i, $\dot{z}_i$, k_i, c_i 分别为第 i 层的位移、速度、刚度和阻尼参数。在非线性卡尔曼滤波的基础上,根据模态分析得到的结构模态频率对结构刚度参数进行相应的修正,得到的相应参数如图 3-3 所示,其中 k_s 代表弹簧组附加刚度。表 3-2 比较对比了通过识别得到的数值模型和

试验结构的前三阶模态频率。为了进一步说明建立的三自由度集中质量数值模型的准确性，刚度状态Ⅰ下的试验模型各楼层实测位移响应和数值模型计算位移时程如图 3-4所示，相应的试验模型各楼层实测加速度响应和数值模型计算加速度时程如图 3-5 所示。可以看到，数值模型计算得到的加速度和位移时程与试验量测得到的加速度和位移响应具有良好的吻合度。所以，通过模态频率和结构动态响应的比较结果说明建立的三自由度集中质量数值模型能很好地代表刚度状态Ⅰ下的试验模型。

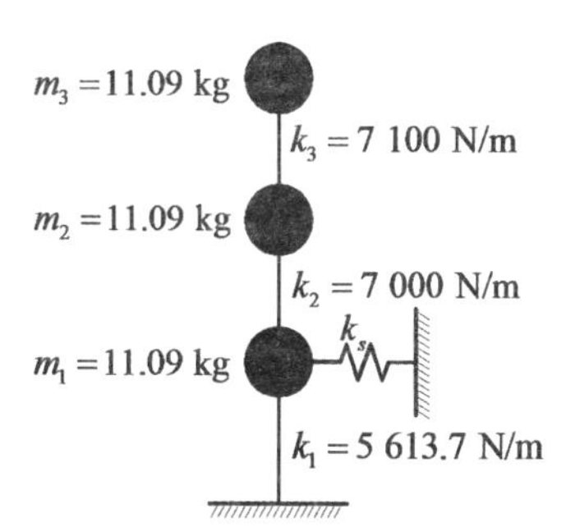

图 3-3　对应试验结构完好未受损状态的简化集中质量模型

表 3-2　三层铝质结构试验模型和数值模型前三阶模态频率比较

模　态	数值模型频率(Hz)	试验结构频率(Hz)	差异(%)
1	1.827	1.831	−0.22
2	5.091	5.127	−0.70
3	7.262	7.227	−0.48

3.1.2　结构损伤状态

在结构健康监测的试验研究中，结构刚度折减(损伤)通常有以下方式进行模拟：增加移除部分结构支撑[203]，降低节点刚度(拧松释放螺栓紧固力[38])，切割或改变结构构件截面积[28]和附加弹簧[204]。相比于其他三种损伤模拟方式，本书选用的附加弹簧组方式能直接明了地改变结构层间刚度，更重要的一点优势是通过量测弹簧组实际的输出力和端部位移可以准确计算在动力加载过程中弹簧实际的动态刚度 k_S。继而可以准确地定义结构损伤程度 α_i 用以结构损伤量化分析。图

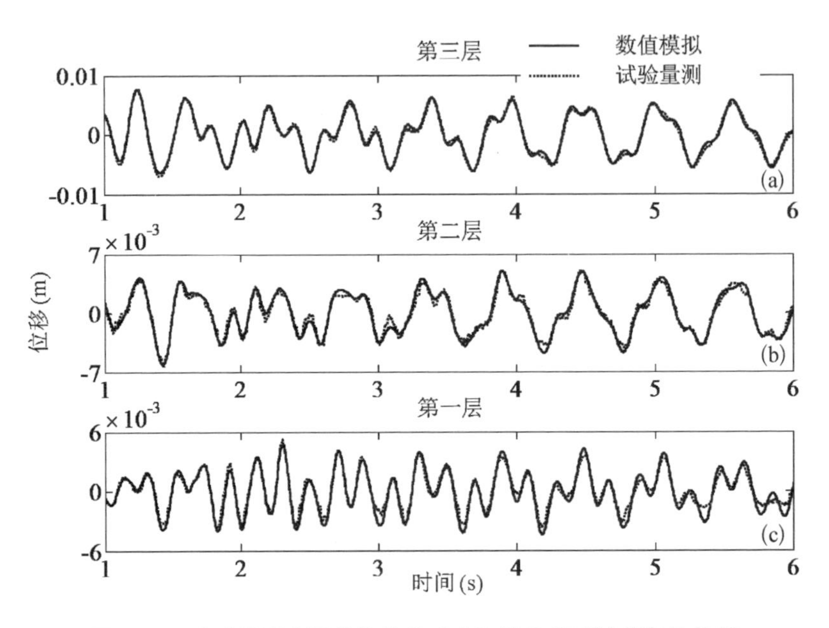

图 3-4　试验模型实测结构位移响应和数值模型计算结构位移时程比较：(a) 第三层；(b) 第二层；(c) 第一层

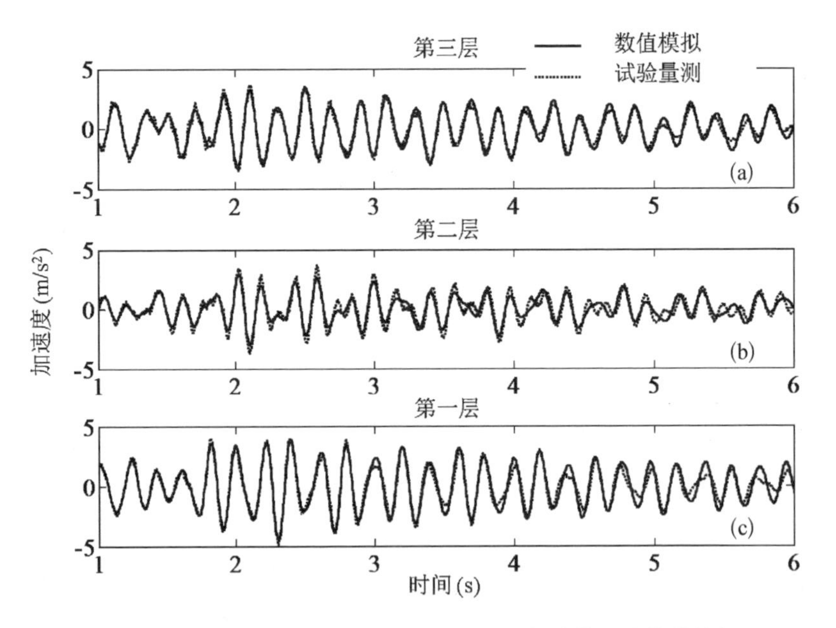

图 3-5　试验模型实测结构加速度响应和数值模型计算结构加速度响应比较：(a) 第三层；(b) 第二层；(c) 第一层

3－6 所示为试验刚度状态Ⅰ和Ⅱ条件下的实测弹簧组输出力和相对位移的分布关系。根据胡克定律易知，在动力加载过程中弹簧组的实际刚度为输出力和相对位移关系的斜率，所以可以通过最小二乘法拟合实测的离散数据点，得到的拟合直线(如图 3－6 所示)斜率即为在相应工况中附加弹簧组刚度。结构刚度状态Ⅰ和Ⅱ下识别得到的弹簧附加刚度 k_s 分别为 2 088.8 N/m 和 941.8 N/m，已知如图 3－3 所示在完好状态下结构第一层层间刚度为 7 702.5 N/m。所以相应的刚度状态Ⅱ和Ⅲ对应的结构第一层层间刚度改变为 1 147 N/m 和 2 088.8 N/m，对应结构损伤程度 α_1 分别为 14.9%和 27.1%。为了进一步说明试验中结构第一层不同层间刚度状态引起的结构状态变化，表 3－3 总结归纳了试验结构在刚度状态Ⅰ、Ⅱ和Ⅲ下的前三阶频率值。可以看到，结构前三阶模态频率随着第一层刚度下降均不同程度的有所降低。

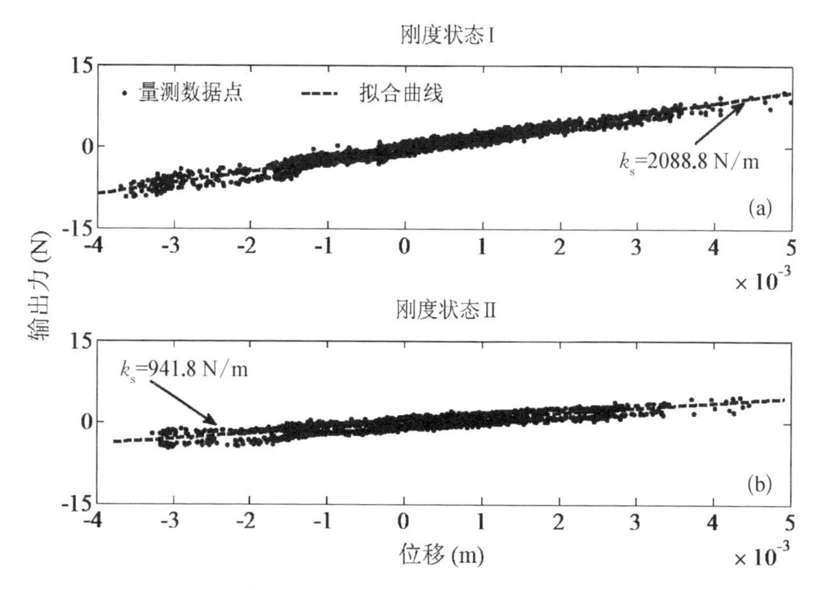

图 3－6　实测弹簧组端部位移和输出力分布关系及基于最小二乘法拟合的两者间线性关系：(a) 刚度状态Ⅰ；(b) 刚度状态Ⅱ

表 3-3　不同刚度状态下试验结构模型前三阶模态频率

	模　态	刚度状态Ⅰ	刚度状态Ⅱ	刚度状态Ⅲ
频率	1	1.831	1.790	1.709
	2	5.127	5.005	4.883
	3	7.227	7.202	7.080

3.1.3　结构损伤识别

如前一章讨论，三个楼层对应的三个结构健康监控器以结构各楼层的相对加速度和基底加速度为输入，时域积分长度设定为 $t_h = 2$ s。图 3-7和图 3-8 分别显示了三个监控器在不同刚度状态工况下的初始输出和归一化输出。

图 3-7(c)和图 3-8(c)对应的是结构模型第一层的刚度变化状态。观察发现，与刚度状态Ⅰ相比，受损工况(刚度状态Ⅱ和Ⅲ)对应的监控器初始输出分别有了一定程度的增大，说明第一层结构刚度存在变化。当然，需要注意到的是，由于试验中不可避免的噪声影响，刚度状态Ⅱ($\alpha_1 = 14.89\%$)对应的初始输出并未如刚度状态Ⅲ($\alpha_1 = 27.12\%$)对应的初始输出那样增加明显。这点发现符合第 2 章数值模拟的相关结论，即实际噪声的存在将影响算法对小损伤状态的诊断。相比于监控器初始输出中对刚度状态Ⅱ不够明显的识别结果，结构刚度状态的变化分别清楚的表现在归一化输出的相对位置提升中，如图 3-8(c)中长虚线和点划线所示。另外，图 3-7(a)和(b)以及图 3-8(a)和(b)对应的结构第二层和第三层监控器初始输出和归一化输出在不同工况间基本保持相对类似的输出状态，说明在试验过程中第二层和第三层的刚度未发生明显的变化。由此，结构模型的损伤的产生和位置被成功识别得到，并且归一化输出的相对位置差异暗示了不同的结构损伤程度。

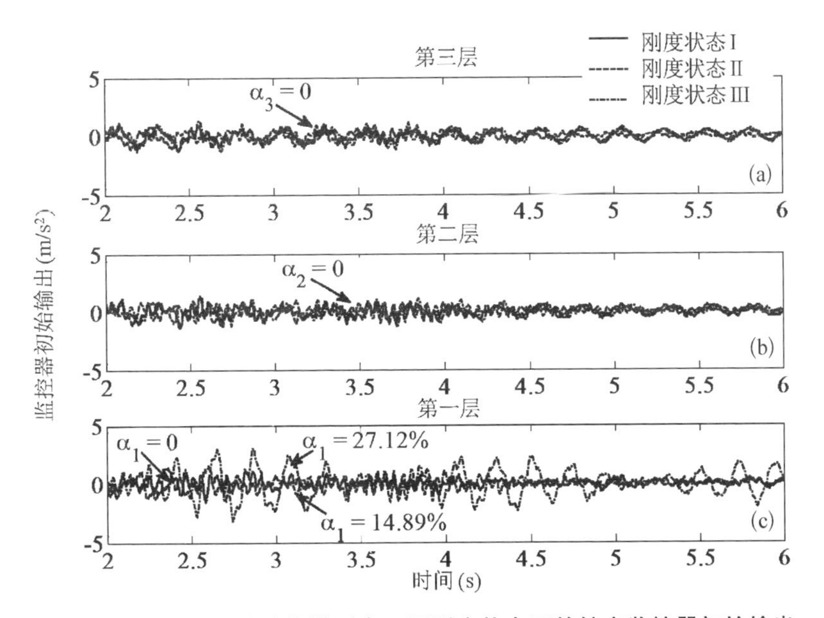

图 3-7　三层铝质试验结构模型在不同刚度状态下的健康监控器初始输出：(a) 楼层 3 对应监控器，(b) 楼层 2 对应监控器，(c) 楼层 1 对应监控器；其中刚度状态 Ⅰ($\alpha_1=0$)，Ⅱ($\alpha_1=14.9\%$)和Ⅲ($\alpha_1=27.1\%$)

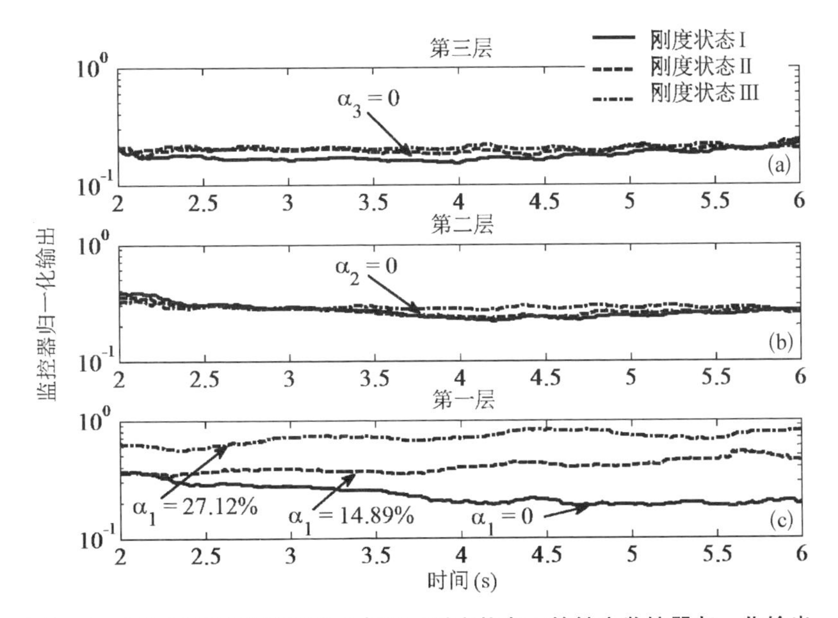

图 3-8　三层铝质试验结构模型在不同刚度状态下的健康监控器归一化输出：(a) 楼层 3 对应监控器，(b) 楼层 2 对应监控器，(c) 楼层 1 对应监控器；其中刚度状态 Ⅰ($\alpha_1=0$)，Ⅱ($\alpha_1=14.9\%$)和Ⅲ($\alpha_1=27.1\%$)

考虑到归一化输出是通过公式(2-23)利用有限个数据点积分得到，容易受到数值积分运算中时间间隔 Δt 的影响。因此，在研究监控器归一化输出相对位置提升和结构楼层损伤程度的量化关系之前，首先进行了时间间隔 Δt 对归一化输出影响的收敛性分析。采用一系列不同的离散时间间隔值（$\Delta t = 0.0005 \sim 0.08$ s），计算平坦稳定段的归一化输出 $\bar{r}_{\mathrm{norm},\,i}$ 的平均值 $\bar{\bar{r}}_{\mathrm{norm},\,i}$ 以考察时间间隔对归一化输出相对位置的影响。选取刚度状态Ⅲ（$\alpha_1 = 27.1\%$）进行收敛性分析，在不同时间间隔 Δt 下对应试验模型和数值模型的第一层监控器归一化输出的均值变化如图 3-9 所示。从图中可以明显看到，在相同的结构刚度条件下，无论是试验模型还是数值模型对应的归一化输出均值都基本收敛于 $\Delta t < 0.018$ s。当时间间隔 Δt 不满足收敛要求时，归一化输出将受到时间间隔 Δt 的较大程度的影响，继而影响结构损伤识别，特别是结构损伤程度的估计。Δt 的收敛性分析，也进一步说明了在本次试验中时间间隔选择位于收敛段 $\Delta t = 0.004$ s 的合理性。

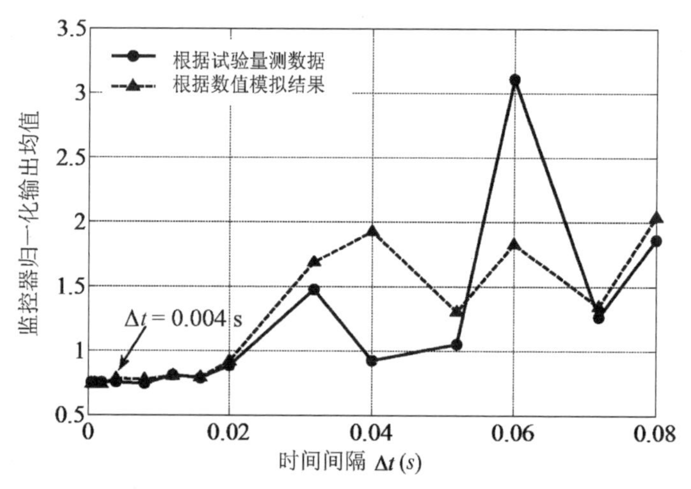

图 3-9　刚度状态Ⅲ($\alpha_1 = 27.1\%$)下不同数值计算时间间隔 Δt 对归一化输出均值 $\bar{\bar{r}}_{\mathrm{norm},\,i}$ 的影响及收敛性分析

在时间间隔 Δt 收敛性分析的基础上，继续保持计算时间间隔 $\Delta t = 0.004\,\mathrm{s}$ 和时域积分长度 $t_{\mathrm{h}} = 2\,\mathrm{s}$ 用以计算得到归一化输出 $\ddot{r}_{\mathrm{norm}}$。图 3－10 所示为在不同刚度条件下第一层相应监控器的归一化输出，其中实线基于试验模型得到，选自于图 3－8(f)，虚线基于数值模型计算得到。数值模型采用如图 3－3 所示的三自由度集中质量模型，根据已知的试验中第一层层间刚度的变化调整数值模型参数，计算三个工况下结构加速度响应，由此得到对应的监控器归一化输出。在数值模拟中，设定加速度响应的信噪比(SNR)为 20 dB 用以模拟振动台试验中的噪声环境。观察图 3－10 可以看到在不同刚度状态下基于试验模型和数值模型得到的归一化输出相互间具有相似的位置关系和较好的吻合度。这一点符合第 2 章中分析噪声影响因素时发现的监控器归一化与子结构损伤程度之间单向增加的关系。进一步说明了结构局部楼层的刚度变化可以利用基于加速度反馈的在线损伤识别算法估计得到。

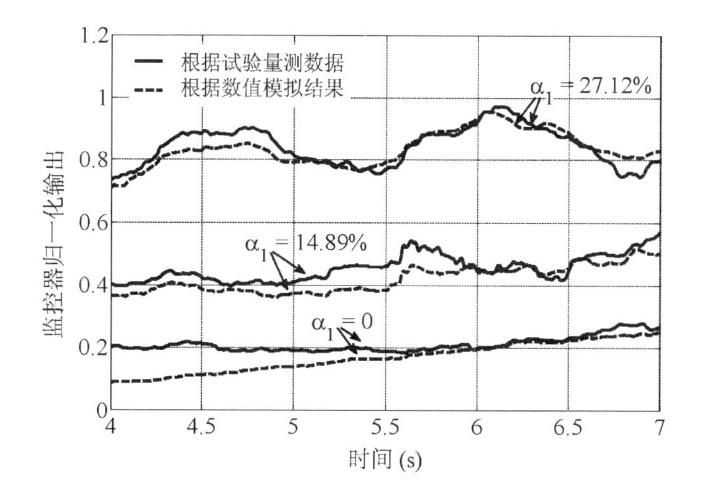

图 3－10　结构试验模型和数值模型在不同刚度条件下的第一层监控器归一化输出比较，时间间隔 $\Delta t = 0.004$ s，数值模拟信噪比 $SNR = 20$ dB

3.1.4 结构损伤程度估计

图 3-10 已经显示利用试验和数值模拟得到归一化输出互相间的吻合可以估计结构损伤程度的可能性。在此基础上,本书提出基于结构完好未受损状态和受损状态间归一化输出均值的差异 $\Delta\bar{\ddot{r}}_{\mathrm{norm},\,i}$ 为一类损伤程度估计指标。其中定义 $\Delta\bar{\ddot{r}}_{\mathrm{norm},\,i}=\bar{\ddot{r}}_{\mathrm{norm},\,i,\text{损伤}}-\bar{\ddot{r}}_{\mathrm{norm},\,i,\text{未受损}}$。由此,基于数值模拟的结构层间刚度改变 $\alpha_{i,\text{数值}}$ 和相应归一化输出均值差异 $\Delta\bar{\ddot{r}}_{\mathrm{norm},\,i}$ 间的关系可以描述为一条光滑曲线,结合线性内插方法可以用于预测实际结构刚度的变化。结构刚度变化的预测曲线可以通过预先设定一系列结构层间刚度变化 $\alpha_i=0,1,5,10,\cdots,50,\cdots$ 到已知未受损数值模型中,理论计算得到相应加速度响应,利用公式(2-23)得到相应的归一化均值 $\bar{\ddot{r}}_{\mathrm{norm},\,i}$,继而得到一系列归一化均值差异 $\Delta\bar{\ddot{r}}_{\mathrm{norm},\,i}$。图 3-11 归纳总结了计算数值预测曲线和利用数值预测曲线进行刚度变化估计的过程。

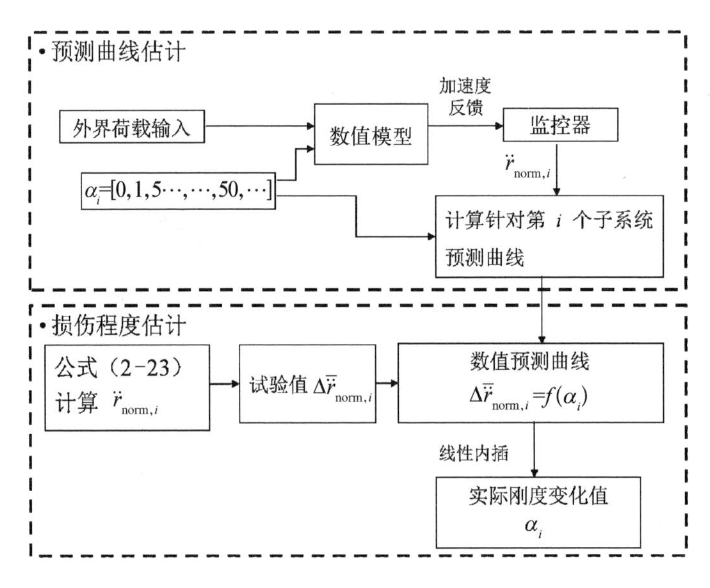

图 3-11 数值预测曲线和结构损伤程度估计的流程图

根据图 3-11 所示流程，保持计算时间间隔 $\Delta t = 0.004$ s，时域积分长度 $t_{\mathrm{h}} = 2$ s 和加速度响应的信噪比（SNR）为 20 dB，得到对应三层铝质金属结构模型第一层刚度变化的数值预测曲线，如图 3-12 所示。在刚度状态Ⅱ对应工况中，由试验模型及量测得到的归一化输出均值差异 $\Delta\bar{r}_{\mathrm{norm},\,i}$ 为 0.22，处于数值预测曲线离散点（10，0.12）和（15，0.25）间，由此利用线性内插法得到预测的结构第一层刚度改变 $\alpha_{1,预测}$ 为 13.9%。类似的情况，在刚度状态Ⅲ对应工况中，归一化输出均值差异 $\Delta\bar{r}_{\mathrm{norm},\,i} = 0.54$ 处于数值预测曲线离散点（25，0.52）和（30，0.65）间，预测相应的结构第一层刚度改变 $\alpha_{1,预测} = 25.8\%$。比较实际结构刚度状态Ⅱ和Ⅲ下第一层刚度改变目标值 14.89% 和 27.12%，相应的结构损伤程度估计的误差分别为 6.7% 和 4.8%。由此，可以看到利用数值预测曲线进行实际的损伤程度估计是可行的且误差在实际工程可以接受的范围内。

通常在结构损伤位置及损伤程度成功识别的情况下，将会进行模型

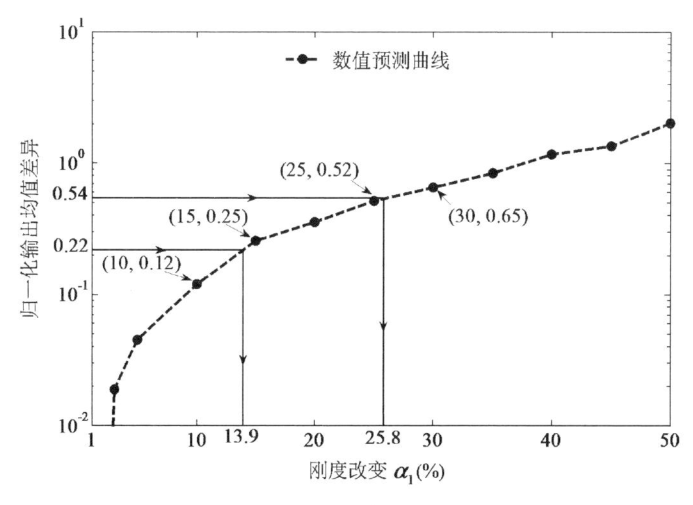

图 3-12 对应三层铝质金属结构第一层结构刚度改变的数值预测曲线及基于线性内插方法的不同刚度状态工况下的结构损伤程度估计（α_1＝14.89%和 27.12%）

修正以提高数值模型对实际结构当前状态描述的准确性。在本次试验中，选取刚度状态Ⅱ下的结构损伤估计值 $\alpha_{1,预测}=13.9\%$，用于修正之前的如图 3-3 所示的三自由度集中质量模型，并计算得到相应的结构动力响应。图 3-13 所示为实测试验模型和基于数值模拟的结构顶层位移和加速度响应时程，其中数值模拟计算分别基于原始数值模型和修正后数值模型计算动力响应数据。可以看到，经过模型修正的结构计算动力时程比原始数值模型的计算动力时程与实际量测的结构动力响应具有更好的相似性和吻合度，由此说明结构损伤识别的作用和意义。

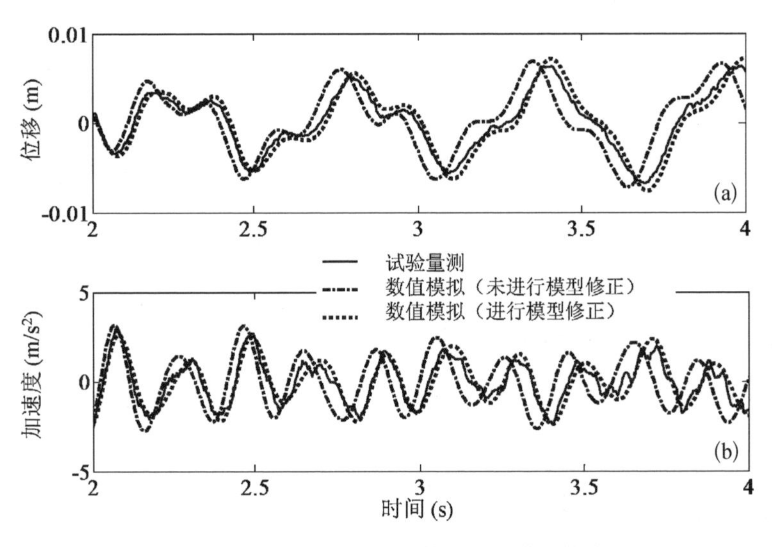

图 3-13 刚度状态Ⅱ下的基于数值模拟和试验量测的结构顶部位移和加速度响应

3.2 十二层混凝土框架结构

采用加速度而非位移或者速度作为结构健康监控器的输入主要

是基于实际工程应用的考虑，在实际应用中加速度的量测技术更成熟且精度更高。在面对实际工程应用时，其他一些因素不可避免地也会影响结构健康监测的实施。例如，地震荷载的不可重复性和不同幅值特点，结构不完备测试条件和不同的结构材料等。为了研究这些实际应用中重要的影响因素，一个十二层钢筋混凝土框架结构及其振动台试验结果将用于研究本书提出的基于加速度反馈的在线损伤识别算法。选择此结构模型主要基于以下三点考虑：① 结构动力响应的不完备测试条件；② 三种不同种类不同幅值的地震荷载持续输入；③ 混凝土结构真实的裂缝产生及发展。图 3 - 14 所示为相应的十二层钢筋混凝土框架结构。

图 3 - 14　十二层钢筋混凝土框架结构

3.2.1 振动台试验基本信息

十二层钢筋混凝土框架结构模型材料主要为微粒混凝土和镀锌铁丝。结构模型平面尺寸为 0.6 m×0.6 m，标准层层高 0.3 m，总高度为 3.6 m。每层楼面和屋面上配质量块模拟实际荷载情况，其中标准层上布置每层 19.4 kg 配重，屋面层上布置 19.7 kg 配重。水平方向上沿结构高度共布置了 7 组加速度传感器，分别位于基底、第二层、第四层、第六层、第八层、第十层和屋面层。试验过程中，单向、双向和三向模拟地震波持续输入激励试验结构模型。本节试验研究将只考虑振动台试验的主加载方向，即 *X* 方向。选择单向 *X* 向加载的试验工况作为研究工况以简单明了的验证结构损伤识别算法，选择的实际振动台试验工况为 2、3、4、8、9、10 和 17，重新编排为本节中的工况 1—7。在这些工况中，使用到的地震波输入包括 1940 年 El Centro 波的南北分量、1995 年 Kobe 波的南北分量和上海人工波。表 3-4 详细列举了所选择的 7 个试验工况中混凝土结构模型相应的试验设置和模态分析结果。其中，模态频率是基于峰值拾取法分析屋面层加速度响应得到的。本次试验的数据采样频率为 255 Hz。

表 3-4　振动台试验信息及识别的结构模型模态频率

工况编号	激励荷载	峰值加速度(g)	模态频率(Hz)			
			1	2	3	4
1	El Centro	0.092 1	3.74	14.45	27.65	40.11
2	上海人工波	0.098 9	3.49	14.45	27.65	40.36
3	Kobe	0.091 9	3.49	14.70	27.15	40.61
4	El Centro	0.259 8	3.49	13.70	26.66	40.11
5	上海人工波	0.266 0	2.49	13.70	26.91	40.11
6	Kobe	0.281 2	2.24	10.71	21.18	32.64
7	El Centro	0.398 5	2.24	9.97	19.43	30.64

3.2.2　结构模型损伤状态

不同于三层铝质金属结构模型利用弹簧组模拟结构层间刚度改变，十二层钢筋混凝土结构模型的结构开裂是由于持续地震荷载输入而自然产生，因此其损伤状态相比于人工模拟损伤将更接近实际工程。从两个方面可以定义和描述结构模型在试验过程中的损伤状态：① 结构前四阶模态频率变化；② 工况间损伤目视检查。

作为被广泛应用的损伤指标，频率通常被认为能一定程度上反映损伤的产生和发展。以表 3-4 中工况 1、4 和 7 三次 El Centro 波输入为例，结构第一阶模态频率在工况 4 和 7 中分别产生了 6.7%和 40.1%的下降，结构第二阶模态频率则发生了 5.2%和 31.0%。说明在工况 4 时结构可能已经产生了一定程度的损伤，在工况 7 时损伤发生了进一步的发展。另外，在试验过程中损伤目视检查的结果描述如表 3-5 所示。可以看到结构裂缝检查结果和结构模态频率变化能较好地吻合。例如，在工况 5 中结构第一阶模态频率从 3.49 Hz 下降到 2.49 Hz，同时在工况 5 中首先在结构 4 层发现了梁端细微垂直裂缝的产生。在工况 7 中前四阶模态频率均产生了较大程度的下降，同时在工况 7 中观察到 4—6 层梁端裂缝的发展，缝宽增加到 0.08 mm。因此，将结构模型第一阶模态频率在不同工况间变化情况和损伤目视检查结果汇总比较，结合结构试验中产生的典型构件开裂，如图 3-15 所示。基于模态频率变化和

表 3-5　工况 1—7 中损伤目视检查结果

工况	损伤目视检查结果描述
1—4	在结构上未发现任何可见裂缝
5—6	在 4 层平行于 X 方向的框架梁两段出现细微垂直裂缝，缝宽小于 0.05 mm
7	平行于 X 方向的 4—6 层框架梁的梁端均有垂直裂缝，裂缝宽度约为 0.08 mm

目视检查结果，本章 3.2 节将着重于研究当前损伤识别方法对混凝土结构裂缝的自然产生和发展状态的追踪识别能力。由于没有直接的由混凝土构件开裂对应的结构损伤程度目标值，故在本章节中将暂时不讨论基于数值预测曲线的结构损伤程度的估计。

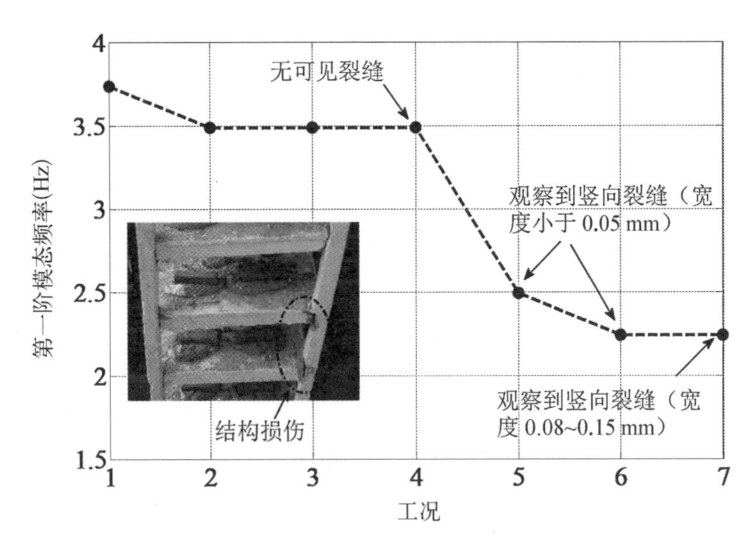

图 3－15　不同工况下结构模型第一阶模态频率变化，损伤目视检查结果和结构试验中产生的典型构件开裂

3.2.3　结构损伤识别

在进行结构损伤识别之前，需要建立对应完好结构的数值模型。首先，根据已有结构信息建立了一个拥有 36 个梁-柱单元的数值模型。每一个梁-柱单元在其端点处都拥有 3 个自由度，即轴向位移、横向变形和转动。在此基础上，通过模型简化技术[205,206]将具有 36 个单元的数值模型简化成为六自由度集中质量模型。模型简化过程和结果如图3－16所示。

根据加速度传感器布置简化得到的 6 个子空间将分别对应 6 个结构健康监控器，进而对十二层钢筋混凝土框架结构进行健康监测。

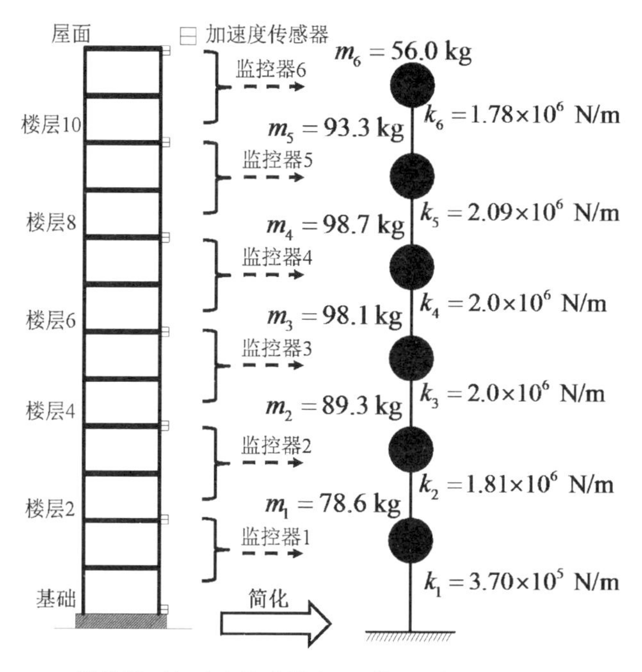

图 3-16　结构模型加速度传感器布置，基于梁柱单元数值模型简化的六自由度集中质量模型和相应设计的 6 个结构健康监控器

每两个相邻楼层组成一个子结构系统，如第 3 层和第 4 层对应子结构 2 和监控器 2。表 3-6 列举了在完好状态下两个数值模型和试验结构模型的前五阶模态频率。同时，基于两个数值模型计算得到的工况 1 和工况 2 下的结构顶层加速度响应和振动台试验中实测的加速度响应间的比较如图 3-17 所示。模态频率比较和加速度时程响应比较均说明了简化得到的数值模型和试验结构模型具有较好的吻合度。所以，基于简化得到的六自由度集中质量模型将用于不同工况间结构损伤状态的识别。

从表 3-5 和图 3-15 中可以明显发现，在工况 5 之前结构处于基本完好状态，没有可见裂缝产生，直到工况 5 加载后第一条可见梁端裂缝才被目测发现。因此，选择工况 1—4 作为第一类研究对象，对应结构损伤早期产生和发展状态。同时，由于工况 4 相比于工况 1—3 模拟地

表 3-6　工况 1 中试验结构模型和两种数值模型间前五阶模态频率比较

模态	试验模型(Hz)	36 个梁柱单元数值模型(Hz)	6 自由度集中质量模型(Hz)
1	3.74	3.79	3.73
2	14.45	13.49	14.65
3	27.65	25.79	25.30
4	40.11	39.40	34.25
5	58.79	51.17	41.18

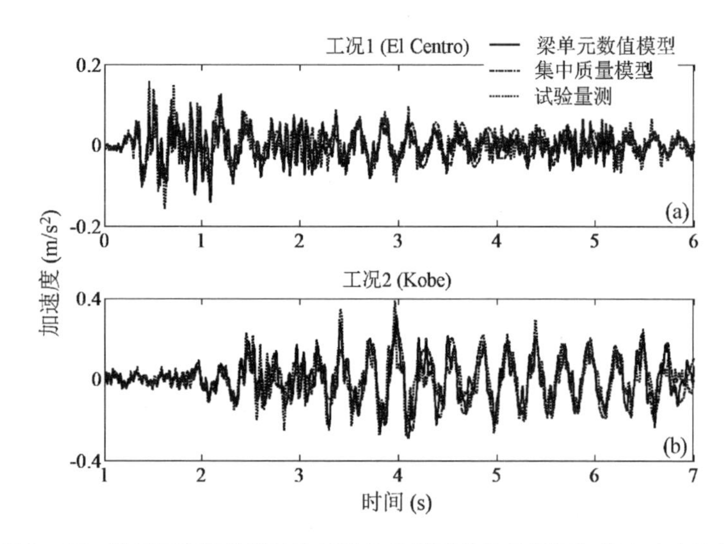

图 3-17　基于两类数值模型和试验结构模型的结构顶层加速度响应比较

震波输入有了明显的增加，这将影响监控器初始输出的幅值变化，所以将只利用结构健康监控器的归一化输出用于结构损伤状态的追踪。图 3-18 所示为工况 1—4 中 6 个健康监控器归一化输出时程。

从图 3-18 中可以发现，不同工况间结构监控器归一化输出的相对位置提升主要集中在图 3-18(b)中，一定程度上存在于图 3-18(a)和图 3-18(c)中。说明在工况 2—4 间，子结构 2 对应的楼层 3 和 4 产生了轻微的结构损伤。这一点可以通过结构模型第一阶频率产生

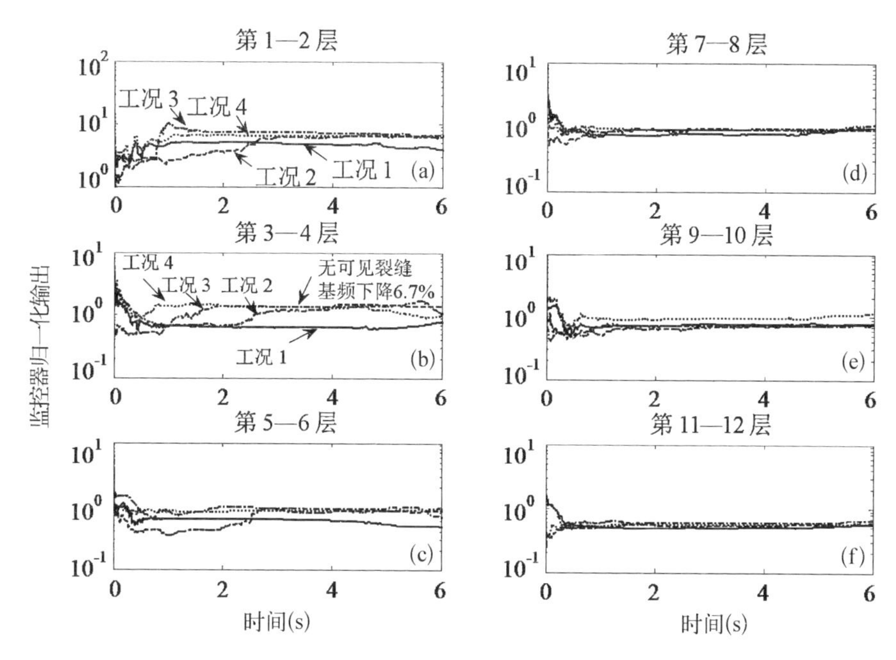

图 3-18　在不同加载工况(1—4)条件下结构健康监控器归一化输出：(a) 监控器 1 对应楼层 1 和 2；(b) 监控器 2 对应楼层 3 和 4；(c) 监控器 3 对应楼层 5 和 6；(d) 监控器 4 对应楼层 7 和 8；(e) 监控器 5 对应楼层 9 和 10；(f) 监控器 6 对应楼层 11 和 12

6.7%的下降间接得到证明。另外，在后续工况中，第一条可见结构裂缝发现于第四层框架梁上，也间接说明了早期不可见结构损伤发展集中于子结构 2 对应的区域。在工况 2—4 中，图 3-18(d)—(f)中归一化输出并没有明显的相对位置变化，预示在相应子结构(楼层 7—11，屋面层)中未产生明显的结构损伤。考虑到在工况 1—4 中结构模型的模拟地震波输入类型和幅值均有明显的不同，图 3-18 的结果说明：① 设计的监控器能有效地解耦结构损伤对结构动力响应的耦合影响；② 从工况 1 地震动输入幅值 0.092 1g 增加到工况 4 地震动输入幅值 0.259 8g，监控器归一化输出仍能保持稳定；③ 在工况 1—3 对应的三种不同的地震动输入情况下，监控器归一化输出仍能保持相似性。

从表 3-5 中可以得知，在试验过程中结构损伤产生和发展主要集中在第 4 层，对应子结构 2。不同于图 3-18 中对结构整体不同楼层间结构损伤状态的监测，图 3-19 将重点研究对结构重要楼层的结构损伤发展的追踪能力。图 3-19 显示了对应楼层 3 和 4 的结构健康监控器 2 在工况 1、6 和 7 中的归一化输出。

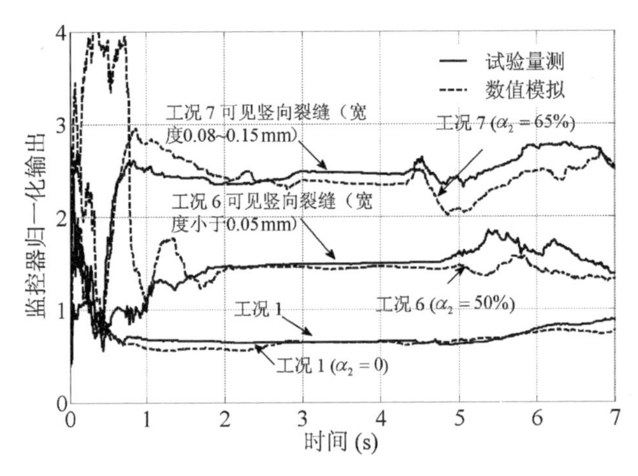

图 3-19　结构健康监控器 2 在不同工况 (1,6,7) 下的归一化输出

比较基于试验量测数据的归一化输出（实线），可以发现当结构第一阶模态频率从工况 1 中的 3.74 Hz 明显下降到工况 6 中的 2.24 Hz 时，归一化输出有了明显的位置提升。当结构梁端裂缝在工况 7 中发展成为 0.08～0.15 mm 时，归一化输出的相对位置有了进一步明显的提升。另外，设置数值模拟的时间间隔为 $\Delta t=0.0039\,\mathrm{s}$，加速度响应的信噪比为 $SNR=30\,\mathrm{dB}$，可以得到相应的基于数值计算的监控器归一化输出。图 3-19 显示当子结构 2 的刚度产生 50%和 65%的折减时，数值模型的归一化输出和试验结构的归一化输出有着良好的对应关系。由此，可以推测楼层 3 和楼层 4 组成的子结构在工况 6 和工况 7 后产生了相应量值的结构刚度变化。

3.3 本章小结

本章在第 2 章的理论和数值模拟的基础上，对提出的基于加速度反馈的在线结构损伤识别算法进行了系统的振动台试验研究。通过一个三层铝质金属结构结合附加弹簧人工模拟层间刚度改变和一个十二层钢筋混凝土框架结构结合天然的裂缝发展，验证了结构损伤识别算法对结构损伤产生、位置和程度的识别能力。主要得到以下几点结论：

(1) 提出的基于加速度反馈的在线损伤识别方法能成功识别和定位金属结构的人工模拟损伤和钢筋混凝土结构上的天然裂缝产生和发展。说明损伤识别方法能应用于不同材料不同高度的建筑结构。

(2) 三层铝质金属结构试验说明，在结构地震荷载输入相同的情况下，健康监测器初始输出和归一化输出都能直接反映结构层间刚度的改变。

(3) 十二层钢筋混凝土框架结构试验说明，在结构地震荷载输入不同的情况下，健康监测器的归一化输出仍然能稳定准确地识别结构损伤产生和位置。

(4) 可以利用一种数值预测曲线基于线性内插方法进行实际结构损伤程度估计。在三层铝质金属结构振动台试验中，利用弹簧组人工模拟结构层间刚度改变验证了相应预测曲线估计损伤程度的准确性。

(5) 在数值模拟中，时间间隔 Δt 过大将会影响归一化输出的相对位置和相应均值，继而影响结构损伤程度的估计。

第4章 结构混合健康监测与控制理论

在本书的第1章中提出了结构混合健康监测与控制系统应该具有实时监测驱动、局部反馈控制和自适应控制的特点。通过第2章和第3章研究发现,本书提出的基于加速度反馈的在线结构损伤识别算法能准确地实时定位损伤的产生和位置,监控器的输出将只受局部子结构健康状态的影响,从而为实现局部反馈控制提供可能。进一步,在监控器中内嵌的结构健康状态的数值模型同时可以作为基于模型参考的自适应控制(model-reference adaptive control)中的参考模型,从而实现实时自适应控制,体现了混合系统自适应的特点。在第4章和第5章中,将开展一系列结构混合健康监测与控制系统的理论、数值模拟和振动台试验研究。

4.1 结构混合健康监测与控制概念

作为本书提出的结构混合健康监测与控制系统的第三个重要特点,自适应控制一直广泛应用于各类工业领域,如自动飞机驾驶、船舶操纵、温度控制、化学反应控制和汽车能源控制等。与一般的反馈控制相比,自适应控制具有如下特点：

(1) 主要用于不确定性或事先难以确认的动态系统；

(2) 具有在线修改参数的能力，因此不仅仅能消除状态扰动引起的系统误差，也能消除系统结构扰动引起的误差。对应于建筑结构，结构扰动可以认为是结构损伤引起的结构刚度的变化；

(3) 不需要依赖描述系统特性的数学模型，仅需要少量的先验知识用以设计自适应算法；

(4) 控制系统的非线性特性。

在自适应控制系统的众多分类中，模型参考自适应控制是一类重要的控制方法，可以处理动态系统参数变化或者参数不确定的控制问题。图 4-1 所示为模型参考自适应控制的基本流程图。整个控制系统包括了一个由控制器和受控结构组成的常规反馈回路，另外还包括了一个由参考模型和实时调节机制组成的控制器参数调整回路。动态系统运行时，当参考模型输出的参考响应与实际系统的量测响应不一致时，将产生偏差信号(状态误差)，由此驱动在线调节机制，改变当前时刻自适应控制器的相应时变反馈参数，计算相应的实时控制力。通过施加控制力到受控结构上，使得动态系统实际量测响应与计算参考响应趋于一致，即偏差信号趋向于零。最终在实际动态系统中实现参考模型的动态响应。

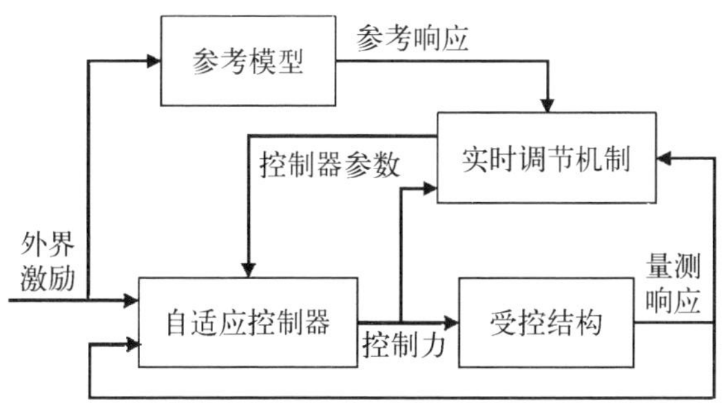

图 4-1　模型参考自适应控制的基本流程图

对于考虑结构损伤的受控建筑结构，当局部结构损伤发生时，相应楼层层间动力响应将与完好未受损结构的层间动力响应产生明显的不同。对比模型参考自适应控制中各基本组成，完好未受损楼层类似于参考模型，未受损结构和受损结构层间响应间的差异可以认为是偏差信号。如果能提出一种在线调节机制和自适应控制算法，实现在结构局部损伤发生后施加局部自适应控制力，使得相应楼层的层间动力响应趋近于完好未受损结构，从而有效降低由于结构损伤对结构动力响应产生的不利影响。在考虑利用模型参考自适应控制对考虑结构损伤的受控建筑结构进行振动控制的基础上，本书提出一种适用于建筑结构的混合健康监测与控制系统概念，混合系统的流程如图 4－2 所示。

可以看到，混合系统的首要目标是基于加速度反馈方法识别结构损伤的发生、发展、位置和程度。如图 4－2 所示，结构损伤的发生和位置将通过监控器输出在外界激励荷载过程中实时识别得到，结构损伤的程度将在灾害性事件后估计得到。混合系统的第二个目标是实现受控结构受损楼层的实际层间动力响应与未受损状态下的期望层间动力响应趋近于一致。利用内嵌在健康监控器中的未受损结构参考模型，计算未受损状态下相应楼层的期望层间动力响应，作为参考响应输入到自适应控制器。在自适应控制器模块中，主要包括在线参数调节机制和自适应反馈控制律。比较实际量测响应和参考期望响应，得到结构状态追踪误差，继而利用预先设计的参数调节机制改变自适应控制器参数。通过调整后的自适应反馈控制律计算控制力并在结构受损区域实时驱动，使得受控结构受损楼层的量测层间动力响应与预先建立的未受损楼层参考模型计算期望动力响应接近并趋于一致。

可以看到，混合系统对应的两个目标的主要实施过程都位于图

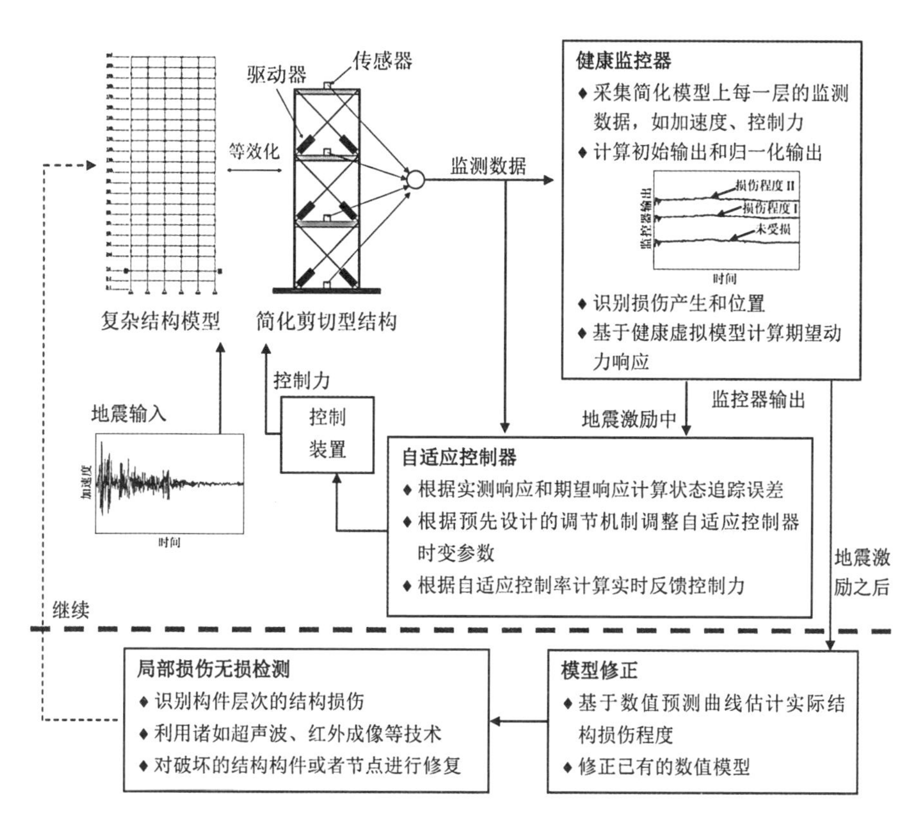

图 4－2　本书提出的基于加速度反馈损伤识别方法和模型参考自适应控制的结构混合健康监测与控制系统概念图

4－2中的长虚线以上，说明它们都应在地震荷载输入过程中实时进行。虽然健康监控器模块和自适应控制器模块呈现先后次序，但是考虑到模型参考自适应控制中基于参考模型的期望信号计算已经内嵌于健康监控器中，所以混合系统中结构健康监测和结构振动控制本质上互为平行关系。这是本书提出的混合系统的一个重要特点，与之前其他一些学者提出的利用模型修正技术以先后次序来集成结构健康监测和结构振动控制的想法有所不同。因此，本书提出的混合健康监测与控制系统将具有在当前灾害性事件（地震）中实时监测和控制的能力。

4.2 结构混合健康监测与控制理论

4.2.1 多自由度结构系统解耦

与2.1节类似,考虑一多自由度剪切型结构模型作为研究对象模拟建筑结构系统。受控结构在地震荷载激励下的运动方程为

$$M\ddot{x}+C\dot{x}+(K+\Delta K)x=-Mh\ddot{x}_{\mathrm{g}}+B_{\mathrm{s}}U \tag{4-1}$$

与公式(2-1)中定义类似,x 是结构位移向量;$\dot{x}$ 和 $\ddot{x}$ 分别是结构速度和加速度向量;M,C 和 K 矩阵分别代表未受损结构质量、阻尼和刚度矩阵;$\ddot{x}_{\mathrm{g}}$ 是地震荷载输入加速度;h 是地震荷载输入的分布矩阵;U 是振动控制力矩阵;B_{s} 是控制力的分布矩阵;矩阵 ΔK 代表当前结构的受损状态,当结构为健康状态时,ΔK 是零矩阵。同理公式(2-2)和公式(2-3),公式(4-1)根据力平衡原理可以写成如下形式

$$\sum_{j=1}^{n}m_j\ddot{x}_j+c_1\dot{x}_1+(k_1+\Delta k_1)x_1=-\sum_{j=1}^{n}m_j\ddot{x}_{\mathrm{g}}+u_1 \tag{4-2}$$

$$\begin{aligned}&\sum_{j=i}^{n}m_j\ddot{x}_j+c_i(\dot{x}_i-\dot{x}_{i-1})+(k_i+\Delta k_i)(x_i-x_{i-1})\\&=-\sum_{j=i}^{n}m_j\ddot{x}_{\mathrm{g}}+u_i,\ n\geqslant i\geqslant 2\end{aligned} \tag{4-3}$$

其中 n 是结构系统总的自由度,下标 i 代表了相应矩阵或者向量对应的楼层。

与第2章研究对象是无控结构不同,本章研究对象为施加了控制力的有控结构。比较公式(2-2)—公式(2-3)和公式(4-2)—公式(4-3)中可以看出,两者间唯一的区别在于公式右端系统输入项中出现了层间控制力 u_i。由于解耦过程已经在第2.1.1节中有了详细的阐述,在本节

中将直接给出多自由度有控结构解耦后的运动方程。

对于楼层 1

$$m_1\ddot{Y}_1 + c_1\dot{Y}_1 + k_1 Y_1 = p_1 - \Delta k_1 x_1 + u_1 \tag{4-4}$$

$$p_1 = -\sum_{j=1}^{n} m_j \ddot{x}_g - \sum_{j=2}^{n} m_j \ddot{x}_j \tag{4-5}$$

对于楼层 2～n

$$m_i\ddot{Y}_i + c_i\dot{Y}_i + k_i Y_i = p_i - \Delta k_i (x_i - x_{i-1}) + u_i \tag{4-6}$$

$$p_i = -\sum_{j=i}^{n} m_j \ddot{x}_g - \sum_{j=i+1}^{n} m_j \ddot{x}_j - m_i \ddot{x}_{i-1} \tag{4-7}$$

其中定义的参量 Y_i 仍然是相应楼层的层间位移，并且和 x_i 有着相同的单位，$Y_1 = x_1$，$Y_i = x_i - x_{i-1}$，$i = 2 \sim n$。在公式(4-1)—公式(4-7)的推导中，并没有应用任何特殊或者附加的假定，所以任何可以被公式(4-1)描述的受控动态系统都可以解耦得到一系列相应的单自由度系统，称为子结构系统。在所有可能的结构刚度变化 $[\Delta k_1, \cdots, \Delta k_i, \cdots, \Delta k_n]$ 中，只有当前楼层的刚度变化 Δk_i 会影响相应的单自由度子结构，所以可以认为楼层的刚度变化对结构动力响应的耦合效应通过公式(4-4)和公式(4-6)解耦得到消除。

4.2.2　基于解耦的受控结构损伤识别

构建一个虚拟健康结构用于实际受控结构 ($\Delta k_i \neq 0$) 的损伤识别，其运动方程可以直接表达为

$$m_i\ddot{Y}_i^r + c_i\dot{Y}_i^r + k_i Y_i^r = p_i + u_i;\ i = 1 \sim n \tag{4-8}$$

其中 Y_i^r 是虚拟健康结构相应楼层的层间位移，p_i 是与实际结构相同的虚拟力，u_i 是实际施加的控制力。当结构损伤在相应楼层产生时，结构

刚度的变化可以通过比较实际的层间动力响应 $[\ddot{Y}_i, \dot{Y}_i, Y_i]$ 与估计的虚拟层间相应 $[\ddot{Y}_i^r, \dot{Y}_i^r, Y_i^r]$ 的不同而得到识别。将公式(4-8)分别减去公式(4-4)和公式(4-6)，可以得到相应的结构层间响应-结构损伤之间的关系，如下所示：

对于楼层1

$$m_1\ddot{r}_1 + c_1\dot{r}_1 + k_1 r_1 = \Delta k_1 x_1 \tag{4-9}$$

$$\ddot{r}_1 = \ddot{Y}_1^r - \ddot{Y}_1 \tag{4-10}$$

对于楼层 $2\sim n$

$$m_i\ddot{r}_i + c_i\dot{r}_i + k_i r_i = \Delta k_i(x_i - x_{i-1}) \tag{4-11}$$

$$\ddot{r}_i = \ddot{Y}_i^r - \ddot{Y}_i;\ i = 2\sim n \tag{4-12}$$

可以看到，根据有控结构运动方程推导得到的公式(4-9)—公式(4-12)与无控结构对应的公式(2-14)—公式(2-17)一致，说明之前提出的基于加速度反馈的在线损伤识别方法同样可以应用于受控结构的健康监测，并且与振动控制算法无关。通过检查各监控器的输出 $\ddot{r}_i$ 的变化来判断相应子结构楼层的健康状态，同时继续利用公式(2-23)得到监控器相应的归一化输出 $\ddot{r}_{\text{norm},\,i}$。

4.2.3 基于解耦的模型参考自适应控制

为了应用模型参考自适应控制到相应的受损子结构系统，公式(4-6)可以进一步写成

$$m_i\ddot{Y}_{pi} + c_{pi}\dot{Y}_{pi} + k_{pi}Y_{pi} = p_i + u_i \tag{4-13}$$

其中，m_i，c_{pi} 和 k_{pi} 分别代表了第 i 层结构的实际质量、阻尼和刚度参数，其中 $k_{pi} = k_i + \Delta k_i$ 考虑实际结构损伤影响；$[\ddot{Y}_{pi}, \dot{Y}_{pi}, Y_{pi}]$ 是子结构实际层间响应。定义加速度量测向量为 $\boldsymbol{w} = [\ddot{x}_g, \ddot{x}_1, \ddot{x}_2, \cdots,$

$\ddot{x}_n]^{\mathrm{T}}$。那么,第 i 层结构的运动方程(4-13)可以进一步转化为状态空间方程

$$\dot{\boldsymbol{X}}_{pi} = \boldsymbol{A}_{pi}\boldsymbol{X}_{pi} + \boldsymbol{B}_{pi}u_i + \boldsymbol{E}_{pi} \tag{4-14}$$

其中

$$\boldsymbol{X}_{pi} = \begin{bmatrix} Y_{pi} \\ \dot{Y}_{pi} \end{bmatrix}_{2\times1}$$

$$\boldsymbol{A}_{pi} = \begin{bmatrix} 0 & 1 \\ -k_{pi}/m_i, & -c_{pi}/m_i \end{bmatrix}_{2\times2}$$

$$\boldsymbol{B}_{pi} = \begin{bmatrix} 0 \\ 1/m_i \end{bmatrix}_{2\times1}$$

$$\boldsymbol{E}_{pi} = \begin{bmatrix} \boldsymbol{0}_{(n+1)\times1} \\ -\sum_{j=i}^{n} m_j/m_i,\ 0,\ \cdots,\ 0,\ -1,\ 0,\ -m_{i+1}/m_i,\ \cdots,\ -m_n/m_i \end{bmatrix}_{(n+1)\times2}$$

另外,对于公式(4-8)对应的虚拟健康子结构系统,可以作为模型参考自适应控制中的参考模型。与公式(4-8)的区别在于,参考模型计算中将不考虑实际控制力效应,只考虑地震荷载的输入。所以具有完好无损状态的参考模型方程可以写为

$$m_i\ddot{Y}_{mi} + c_{mi}\dot{Y}_{mi} + k_{mi}Y_{mi} = p_i \tag{4-15}$$

其中,m_i,c_{mi} 和 k_{mi} 分别代表了第 i 层健康虚拟结构相应的质量、阻尼和刚度参数,其中 $k_{mi} = k_i$;$[\ddot{Y}_{mi},\dot{Y}_{mi},Y_{mi}]$ 是参考模型输出的期望层间动力响应。第 i 层虚拟健康子结构的运动方程(4-15)可以进一步转化为状态空间方程

$$\dot{\boldsymbol{X}}_{mi} = \boldsymbol{A}_{mi}\boldsymbol{X}_{mi} + \boldsymbol{E}_{mi}\boldsymbol{w} \tag{4-16}$$

其中

$$\boldsymbol{X}_{mi} = \begin{bmatrix} Y_{mi} \\ \dot{Y}_{mi} \end{bmatrix}_{2\times 1}$$

$$\mathbf{A}_{mi} = \begin{bmatrix} 0 & 1 \\ -k_{mi}/m_i, & -c_{mi}/m_i \end{bmatrix}_{2\times 2}$$

$$\boldsymbol{E}_{mi} = \boldsymbol{E}_{pi}$$

在公式(4－13)和公式(4－15)中,下标 p 和 m 分别代表了实际受控子结构和相应未受损子结构参考模型。

针对受控结构第 i 个受损子结构,自适应反馈控制律可以设计如下

$$u_i = \theta_{di} Y_{pi} + \theta_{vi} \dot{Y}_{pi} = \boldsymbol{\theta}_i^{\mathrm{T}} \boldsymbol{X}_{pi} \tag{4-17}$$

其中,$\boldsymbol{\theta}_i^{\mathrm{T}} = [\theta_{di}, \theta_{vi}]_{1\times 2}$ 是一组时变可调反馈参数向量,θ_{di} 对应层间位移反馈,θ_{vi} 对应层间速度反馈。自适应控制实现完美状态跟踪的一个充分条件是存在一组参数向量 $\boldsymbol{\theta}_i^*$ 为

$$\boldsymbol{\theta}_i^* = \begin{bmatrix} \theta_{di}^* \\ \theta_{vi}^* \end{bmatrix} = \begin{bmatrix} k_{pi} - k_{mi} \\ c_{pi} - c_{mi} \end{bmatrix} \tag{4-18}$$

状态跟踪误差定义为

$$\boldsymbol{\eta}_i = \begin{bmatrix} e_i \\ \dot{e}_i \end{bmatrix} = \boldsymbol{X}_{pi} - \boldsymbol{X}_{mi} = \begin{bmatrix} Y_{pi} - Y_{mi} \\ \dot{Y}_{pi} - \dot{Y}_{mi} \end{bmatrix} \tag{4-19}$$

将公式(4－16)从公式(4－14)中减去可以得到

$$\dot{\boldsymbol{\eta}}_i = \mathbf{A}_{mi} \boldsymbol{\eta}_i + \boldsymbol{L} \bar{\boldsymbol{\theta}}_i^{\mathrm{T}} \boldsymbol{X}_{pi} \tag{4-20}$$

其中,$\boldsymbol{L} = [0, 1]^{\mathrm{T}}$, $\bar{\boldsymbol{\theta}}_i^{\mathrm{T}} = (\boldsymbol{\theta}_i^{\mathrm{T}} - \boldsymbol{\theta}_i^{*\mathrm{T}})/m_i$。

通常情况下,模型参考自适应控制律采用 MIT 准则或者李雅普诺夫准则进行设计[174]。在本书中,将利用一个具有平方项的李雅普诺夫

(Lyapunov)函数进行自适应控制器参数调节准则设计。李雅普诺夫函数定义如下

$$V(\boldsymbol{\eta}_i, \bar{\boldsymbol{\theta}}_i) = \frac{1}{2}(\boldsymbol{\eta}_i^{\mathrm{T}} \boldsymbol{P}_i \boldsymbol{\eta}_i + \bar{\boldsymbol{\theta}}_i^{\mathrm{T}} \boldsymbol{\Gamma}_i^{-1} \bar{\boldsymbol{\theta}}_i) \tag{4-21}$$

其中，$\boldsymbol{P}_i$ 是一个与 $\boldsymbol{\eta}_i$ 相关的 2×2 正定对称适应矩阵；$\boldsymbol{\Gamma}_i = \mathrm{diag}([\gamma_{i1}\ \gamma_{i2}])$ 是一个与 $\bar{\boldsymbol{\theta}}_i$ 相关的正定对称对角适应矩阵。对李雅普诺夫函数进行一次求导得

$$\dot{V}(\boldsymbol{\eta}_i, \bar{\boldsymbol{\theta}}_i) = -\frac{1}{2}\boldsymbol{\eta}_i^{\mathrm{T}} \boldsymbol{Q} \boldsymbol{\eta}_i + \boldsymbol{X}_{pi}^{\mathrm{T}} \bar{\boldsymbol{\theta}}_i \boldsymbol{L}^{\mathrm{T}} \boldsymbol{P}_i \boldsymbol{\eta}_i + \dot{\bar{\boldsymbol{\theta}}}_i^{\mathrm{T}} \boldsymbol{\Gamma}_i^{-1} \bar{\boldsymbol{\theta}}_i \tag{4-22}$$

其中，$\boldsymbol{Q}_i$ 是正定矩阵且定义为

$$\boldsymbol{P}_i \boldsymbol{A}_{mi} + \boldsymbol{A}_{mi}^{\mathrm{T}} \boldsymbol{P}_i = -\boldsymbol{Q}_i \tag{4-23}$$

注意到由于 $\boldsymbol{A}_{mi}$ 始终是稳定的，所以正定矩阵 $\boldsymbol{P}_i$ 和 $\boldsymbol{Q}_i$ 总是成对的存在。另外，注意到 $\boldsymbol{X}_{pi}^{\mathrm{T}} \bar{\boldsymbol{\theta}}_i$ 和 $\boldsymbol{L}^{\mathrm{T}} \boldsymbol{P}_i \boldsymbol{\eta}_i$ 均是 1×1 向量，所以 $\boldsymbol{X}_{pi}^{\mathrm{T}} \bar{\boldsymbol{\theta}}_i \boldsymbol{L}^{\mathrm{T}} \boldsymbol{P}_i \boldsymbol{\eta}_i = \boldsymbol{L}^{\mathrm{T}} \boldsymbol{P}_i \boldsymbol{\eta}_i \boldsymbol{X}_{pi}^{\mathrm{T}} \bar{\boldsymbol{\theta}}_i$。公式(4－23)可以进一步写为

$$\dot{V}(\boldsymbol{\eta}_i, \bar{\boldsymbol{\theta}}_i) = -\frac{1}{2}\boldsymbol{\eta}_i^{\mathrm{T}} \boldsymbol{Q} \boldsymbol{\eta}_i + \boldsymbol{L}^{\mathrm{T}} \boldsymbol{P}_i \boldsymbol{\eta}_i \boldsymbol{X}_{pi}^{\mathrm{T}} \bar{\boldsymbol{\theta}}_i + \dot{\bar{\boldsymbol{\theta}}}_i^{\mathrm{T}} \boldsymbol{\Gamma}_i^{-1} \bar{\boldsymbol{\theta}}_i \tag{4-24}$$

如果自适应控制器参数调节准则定义为

$$\dot{\bar{\boldsymbol{\theta}}}_i^{\mathrm{T}} = -\boldsymbol{L}^{\mathrm{T}} \boldsymbol{P}_i \boldsymbol{\eta}_i \boldsymbol{X}_{pi}^{\mathrm{T}} \boldsymbol{\Gamma}_i \tag{4-25}$$

那么公式(4－24)可以转化成一个半负定函数

$$\dot{V}(\boldsymbol{\eta}_i, \bar{\boldsymbol{\theta}}_i) = -\frac{1}{2}\boldsymbol{\eta}_i^{\mathrm{T}} \boldsymbol{Q} \boldsymbol{\eta}_i \tag{4-26}$$

因此，根据李雅普诺夫函数设计得到的在线参数调节准则为

$$\dot{\boldsymbol{\theta}}_i = \begin{bmatrix} \dot{\theta}_{di} \\ \dot{\theta}_{vi} \end{bmatrix} = -m_i \begin{bmatrix} \gamma_{i1} Y_{pi} (P_{12} e_i + P_{22} \dot{e}_i) \\ \gamma_{i2} \dot{Y}_{pi} (P_{12} e_i + P_{22} \dot{e}_i) \end{bmatrix} \quad (4-27)$$

其中，P_{12} 和 P_{22} 是矩阵 $\boldsymbol{P}_i$ 中第二列中的第一行和第二行元素。基于上述推导，最终公式(4-17)和公式(4-27)表述了对应于第 i 层结构的自适应控制算法及其在线参数调节机制。另外，在公式(4-27)对应的参数调节准则情况下，公式(4-26)说明了李雅普诺夫函数具有半负定特性。这一特点保证了相应的自适应控制算法将实现渐近的状态追踪和趋于收敛的控制器参数调节过程。

4.2.4　结构健康监控器的状态空间表示

如图 4-2 所示，内嵌结构各子结构完好未受损信息的结构健康监控器将同时用于结构损伤识别和结构自适应控制。与第 2.1.2 节类似，基于状态空间形式表示的结构健康监控器将有助于研究和应用提出的混合健康监测与控制系统。混合系统中针对第 i 层子结构的健康监控器的状态参量定义为 $\boldsymbol{X}_i = [Y_i^r, \dot{Y}_i^r, Y_{mi}, \dot{Y}_{mi}]_{1\times 4}^{\mathrm{T}}$，加速度输入向量定义为 $\boldsymbol{w} = [\ddot{x}_g, \ddot{x}_1, \ddot{x}_2, \cdots, \ddot{x}_n]_{1\times(n+1)}^{\mathrm{T}}$，健康监控器的输出则为 $\boldsymbol{y}_i = [\ddot{r}_i, Y_{mi}, \dot{Y}_{mi}]_{1\times 3}^{\mathrm{T}}$。与之前的定义一致，$\ddot{x}_i$ 仍然是结构楼层相对于地面的相对加速度。在健康监控器的输出 $\boldsymbol{y}_i$ 中 $\ddot{r}_i$ 用于结构损伤识别，Y_{mi} 和 $\dot{Y}_{mi}$ 作为参考响应将与实测子结构层间响应 Y_{pi} 和 $\dot{Y}_{pi}$ 作比较，计算子结构状态追踪误差 $\boldsymbol{\eta}_i$，以驱动自适应控制器参数 θ_{di} 和 θ_{vi} 在线调节进化。

根据上述定义，基于多自由度结构系统运动方程解耦的结构健康监控器的状态空间方程表示为

$$\begin{aligned} \dot{\boldsymbol{X}}_i &= \boldsymbol{A}_i \boldsymbol{X}_i + \boldsymbol{B}_i u_i + \boldsymbol{E}_i \boldsymbol{w} \\ \boldsymbol{y}_i &= \boldsymbol{C}_i \boldsymbol{X}_i + \boldsymbol{D}_i u_i + \boldsymbol{F}_i \boldsymbol{w} \end{aligned} \quad (4-28)$$

其中

$$\boldsymbol{A}_i = \begin{bmatrix} 0 & 1 \\ -k_i/m_i, & -c_i/m_i \\ 0 & 1 \\ -k_i/m_i, & -c_i/m_i \end{bmatrix}_{4\times 2}$$

$$\boldsymbol{B}_i = \begin{bmatrix} 0 \\ 1/m_i \\ 0 \\ 0 \end{bmatrix}_{4\times 1}$$

$$\boldsymbol{C}_i = \begin{bmatrix} -k_i/m_i, & -c_i/m_i, & 0, & 0 \\ 0, & 0, & 1, & 0 \\ 0, & 0, & 0, & 1 \end{bmatrix}_{3\times 4}$$

$$\boldsymbol{D}_i = \begin{bmatrix} 1/m_i \\ 0 \\ 0 \end{bmatrix}_{3\times 1}$$

$$\boldsymbol{E}_i = \boldsymbol{E}_{pi}$$

$$\boldsymbol{F}_i = \begin{bmatrix} -\sum_{j=i}^{n} m_j/m_i,\ 0,\ \cdots,\ 0,\ 0,\ -1,\ -m_{i+1}/m_i,\ \cdots,\ -m_n/m_i \\ \boldsymbol{0}_{(n+1)\times 1} \\ \boldsymbol{0}_{(n+1)\times 1} \end{bmatrix}_{3\times(n+1)}$$

本书的在线损伤识别算法和自适应控制算法均基于多自由度结构系统解耦后的运动方程推导得到，结构健康监控器输出将只受到相应子结构的局部损伤影响。因此，根据相应监控器输出进行结构控制力计算的自适应控制器将只会在结构损伤发生后，即实际监测的受控结构层间动力响应和健康虚拟参考结构计算动力响应不一致时，开始施加计算所需的自适应控制力。这恰恰实现了在第 1 章中提出的结构混合健康监测与控制系统的第 2 个特点——局部反馈控制。

不过需要注意到的是,公式(4－17)和公式(4－27)中要求相应子结构层间位移和层间速度实际可测。这点提高了在实际工程应用中对结构量测系统的要求。面对结构位移、速度等状态参量观测问题时,传统的结构振动控制通常利用卡尔曼滤波器等状态观测器基于加速度量测估计得到结构相应的位移和加速度。卡尔曼滤波器等状态观测器则往往基于精确的已知结构数值模型建立得到。然而,由于混合健康监测与控制系统考虑了结构在服役过程中可能产生的结构刚度变化,故一般假设缺乏对当前结构状态的了解。所以在面对可能发生结构刚度变化的受控结构时,传统的状态观测器将不再适用。所以,对结构层间动力响应状态的量测,至少其中一种状态参量的量测似乎是不可避免的。在本书第 5 章数值模拟算例中将假设层间位移和层间速度同时可测,振动台试验研究中将实时监测结构层间位移并通过数值微分技术得到结构层间速度。

4.3 模型参考自适应控制数值模拟

在对提出的结构混合健康监测与控制系统开展数值模拟和振动台试验研究前,首先对 4.2.3 节阐述的基于解耦的模型参考自适应控制进行相关的数值模拟研究。采用的数值模型与 2.2 节相同,为一个三层剪切型结构模型。每一层的质量、阻尼和刚度参数均相同,分别为 1 000 kg、1.407 kN·s/m 和 980 kN/m。采用 1940 年 El Centro 地震波南-北向量成分的加速度记录作为结构外界动力荷载输入到三层数值结构模型用于自适应控制研究。输入加速度峰值为 200 gal,采样频率为

50 Hz对应数值模拟时间间隔为0.02 s。结构每一层的损伤仍然定义为结构每一层等效刚度参数的折减，用 α_i 量化结构损伤的程度，其中 i 代表结构损伤对应的楼层。为了应用公式(4-17)和公式(4-27)描述的模型参考自适应控制方法，假设数值算例中结构各层的状态(位移和速度)可测。

4.3.1 不同自适应律调节参数

自适应控制反馈率中的增益参数 θ_{di} 和 θ_{vi} 的实时变化是由其相应的一次导数 $\dot{\theta}_{di}$ 和 $\dot{\theta}_{vi}$ 决定的。观察公式(4-27)可以发现，$\dot{\theta}_{di}$ 和 $\dot{\theta}_{vi}$ 又由实时状态追踪误差 $\boldsymbol{\eta}_i$、设计的正定对称矩阵 P_i 和正定对角矩阵 $\boldsymbol{\Gamma}_i$ 决定。相比于 $\boldsymbol{\eta}_i$ 和 P_i 受到当前子结构的健康状态影响，$\boldsymbol{\Gamma}_i$ 中的权重系数 γ_{i1} 和 γ_{i2} 能直接影响在线参数调节率。因此，设计了五组自适应控制算例，用于探讨权重系数 γ_{i1} 和 γ_{i2} 对受损结构在线自适应控制效果的影响。

考虑单损伤工况，三层剪切数值模型底层结构刚度发生了50%的折减，其余两层结构刚度不变，即 $\alpha_1=50\%$，$\alpha_2=\alpha_3=0$。自适应控制中的参考模型为三层剪切型未受损初始模型。定义公式(4-23)中的正定矩阵

$$\boldsymbol{Q}_i=\begin{pmatrix}10 & 0\\ 0 & 10\end{pmatrix},\ i=1\sim 3$$

代入公式(4-23)中得到唯一解

$$\boldsymbol{P}_i=\begin{pmatrix}3\,486.1 & 0.005\,1\\ 0.005\,1 & 3.557\,3\end{pmatrix},\ i=1\sim 3$$

增益参数 θ_{di} 和 θ_{vi} 的进化过程初值均为0。表4-1所示为五组不同自适应控制算例中权重系数的参数设置。对于解耦得到的三个子结构系

统,均采用相同的权重系数。通过设置权重系数的大小调节在线自适应控制器参数变化速度,继而研究相应的自适应控制效果及变化规律。

表 4-1 五组自适应控制算例中权重系数的设置

类别	控制算例 1	控制算例 2	控制算例 3	控制算例 4	控制算例 5
γ_1	1	10	100	1 000	10 000
γ_2	1	10	100	1 000	10 000

在相同地震动输入情况下,未受损无控结构、受损无控结构和五组受损自适应控制结构的数值算例计算结果如表 4-2 所示。表中的控制效果评价指标包括结构各层位移、加速度和层间位移的峰值,位移和加速度的均方根值(RMS)和控制力的峰值。其中,动力响应的均方(RMS)值是通过如下公式计算

$$x_{\mathrm{rms}}=\sqrt{\frac{1}{t_{\mathrm{f}}}\int_{0}^{t_{\mathrm{f}}}x(t)^{2}\mathrm{d}t} \tag{4-29}$$

t_{f} 是其中定义的计算持续时间。

当结构底层发生 50%刚度折减时,未受损无控结构和受损无控结构的三层位移响应的峰值分别增大了大约 73.9%、35.3%和 25.9%,均方根值则分别增大了 44.9%、10.5%和 2.0%。同时观察结构层间位移响应峰值,可以发现结构位移的增大主要集中在假设的受损区域即结构底层。在实际结构中,结构受损底层在地震作用下位移的急剧增大会提高对结构构件延性的要求,并且过大的底层位移容易引起结构底层永久变形或局部乃至整体结构倒塌,造成结构功能失效。另外,在地震工程研究中,层间位移(角)一直是一项重要的评价指标用以判断结构在地震作用下的性能表现。这说明了在结构发生损伤后对结构动力响应,特别是结构层间位移的控制是必要的,这对于防止结构损伤进一步发展和局部变形过大具有重要的现实意义。

表 4-2　三层数值模型在不同工况下的结构动力响应比较

	楼层	健康无控结构	受损无控结构	控制算例1	控制算例2	控制算例3	控制算例4	控制算例5
位移(cm)	1	2.45	4.26	4.08	3.66	3.44	2.38	1.16
	2	4.31	5.83	5.58	4.99	4.72	3.37	1.69
	3	5.29	6.66	6.37	5.69	5.39	3.90	2.05
层间位移(cm)	1	2.45	4.26	4.08	3.66	3.44	2.38	1.16
	2	1.86	1.57	1.50	1.36	1.28	1.04	0.70
	3	1.09	0.83	0.80	0.73	0.68	0.56	0.40
加速度(m/s^2)	1	5.74	5.58	5.32	5.03	4.69	3.41	2.30
	2	8.68	7.28	6.97	6.28	5.97	4.72	3.07
	3	10.66	8.19	7.85	7.13	6.68	5.45	3.95
位移RMS值(cm)	1	0.69	1.00	0.88	0.62	0.37	0.22	0.12
	2	1.24	1.37	1.21	0.85	0.51	0.30	0.18
	3	1.54	1.57	1.39	0.98	0.59	0.35	0.23
加速度RMS值(m/s^2)	1	1.38	1.25	1.11	0.79	0.49	0.34	0.28
	2	2.40	1.71	1.50	1.07	0.66	0.45	0.40
	3	2.99	1.96	1.73	1.22	0.76	0.54	0.51
控制力(N)	1	0.00	0.00	205.17	1 107.24	2 353.64	6 196.48	6 165.50
	2	0.00	0.00	0.00	0.00	0.00	0.00	0.00
	3	0.00	0.00	0.00	0.00	0.00	0.00	0.00

表4-2中各类动力响应指标均显示自适应控制一定程度上改善了受损结构的地震下动力响应。同时也要看到随着在线参数调节准则中权重系数 γ_1 和 γ_2 的不同,受损结构各项动力响应评价指标的绝对数值变化较大,说明自适应控制效果存在明显差异。为了更好地比较不同控制算例的自适应控制效果,定义受损结构在无控和有控情况下动力响应指标间差值与无控情况下动力响应指标的比值作为一类相对控制效果的评价指标,以百分比的形式表示。挑选表4-2中四类动力响应评价

指标计算相应的相对控制效果，其中四类指标分别为位移响应的峰值和均方根值以及加速度响应的峰值和均方根值，相应结果如图 4-3 所示。

可以明显看到，随着自适应控制算例 1—5 中权重系数 γ_1 和 γ_2 的持续增大，相对控制效果逐渐增大，例如在算例 5 中各项相对控制指标基本达到 70%～75%。结构各层间的自适应控制效果相互间差异不大，说明与权重参数的设置无关。另外在 5 个数值算例中，图 4-3(c)和(d)对应的以位移和加速度均方根值指标计算的相对控制效果值明显高于图 4-3(a)和(b)对应的以位移和加速度峰值指标计算的相对控制效果值。说明相对于结构动力响应的峰值控制，本书提出的基于解耦的自适应控制算法对结构动力响应的均方根值有着更好的控制效果。

从表 4-2 最后一项评价指标控制力峰值中可以看到，基于解耦的自适应控制算法成功体现了局部反馈控制的特点。当结构底层发生结

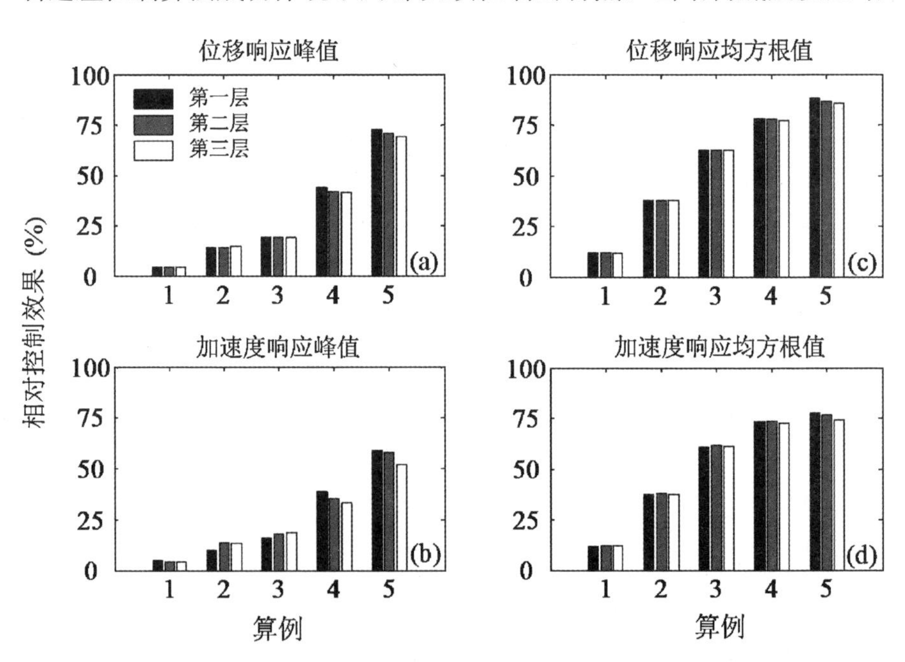

图 4-3　五组受损结构自适应控制算例相对控制效果：(a) 位移响应峰值；(b) 加速度响应峰值；(c) 位移响应均方根值；(d) 加速度响应均方根值

构损伤时，相应楼层的作动器在自适应控制算法的驱动下输出实时控制力用以降低受损结构地震响应，同时其他未受损楼层的作动器仍然保持无输出状态。图 4－4 所示为不同受损结构自适应控制算例中结构底层控制力峰值。

可以看到，算例 1—4 相应的自适应控制力峰值随着其权重系数的增大而增大，同时算例 4—5 又说明当权重系数增大到一定程度后，自适应控制力峰值将会保持在相似的水平而不会再继续增加。这可以理解为在实现受损结构层间动力响应与未受损参考结构层间动力响应一致后，没有必要进一步增加自适应控制力。

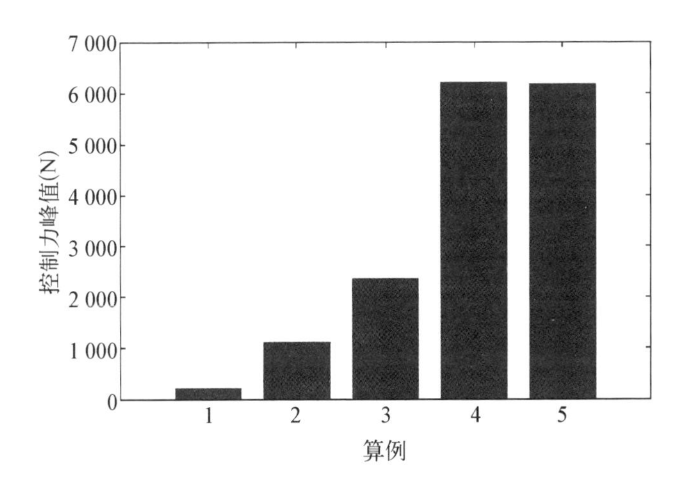

图 4－4　五组受损结构自适应控制算例相应的控制力峰值

图 4－5 所示为受损无控结构、自适应算例 3 中受损结构和相应参考模型的各层层间位移和速度响应。

比较相应的动力响应时程，可以看到基于解耦的自适应控制算法能有效地降低受损结构在地震下的位移和速度响应。虽然只有结构底层的控制装置输出了实时驱动力，但是可以看到上部结构第二层和第三层有同样明显的控制效果。另外注意到，受损结构实际的受控动力响应和虚拟未受损参考模型实时计算的层间动力响应比较接近，说明自适应控

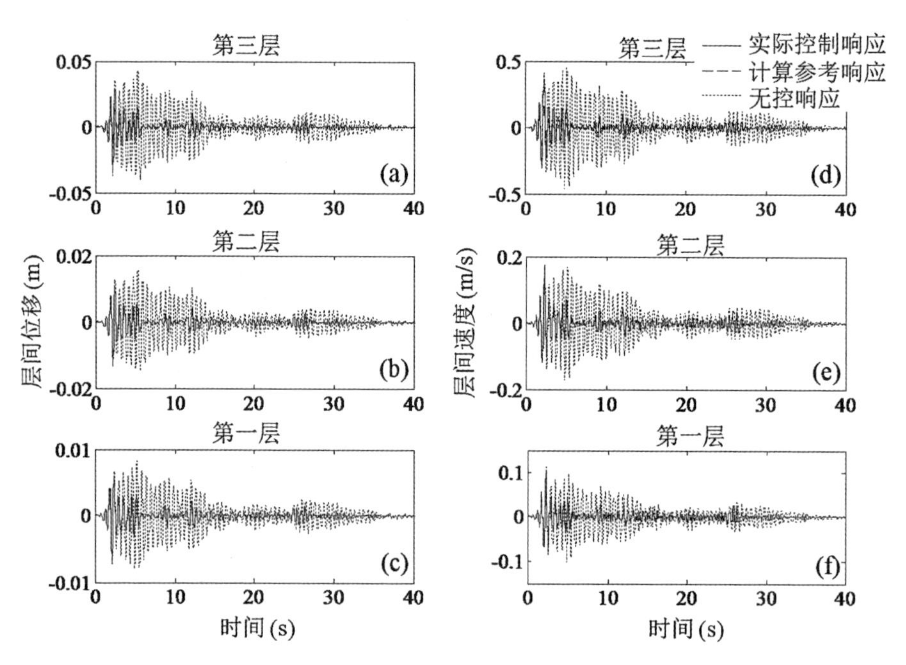

图 4-5　自适应控制算例 3 中结构各层控制效果：(a)—(c) 层间位移响应；(d)—(f) 层间速度响应

制算法实现了较好的状态追踪效果。虽然自适应控制算例 4 和 5 拥有更好的控制效果，但是所需要的实时控制力幅值也同时有了大幅度的增加。

图 4-5 说明即使控制力幅值在算例 3 中只有算例 4 和 5 中 38%～40%左右，但是从层间动力响应已经看到明显的控制效果，这同样也反映在图 4-3(c)和(d)中算例 3 与算例 4 和 5 有着接近的均方根值相对控制效果。在土木工程结构振动控制中，振动控制装置为了实现相应的控制力输出而对能源的需求也是一个很重要的评价方面。因此在进行自适应控制时，并不需要一味地追求更大的控制力以实现对结构响应峰值的控制。

图 4-6 所示为结构各层子结构相应自适应控制率中反馈参数的演化时程及相应的结构实时控制力时程。明显看到，结构底层对应的反馈增益 θ_{d1} 和 θ_{v1} 在整个地震荷载输入过程中进行了演化，并在 $t=5\,\text{s}$ 时逐

渐趋近于稳定值。结构第二层和第三层对应的反馈增益 $\theta_{d2,\ d3}$ 和 $\theta_{v2,\ v3}$ 则在整个计算过程中保持初值不变，说明相应未受损楼层不输出实时控制力。比较图 4－5 和图 4－6，发现在 $t=5$ s 时变控制器参数趋于稳定后，结构的层间响应控制效果变得较为明显。这说明，自适应控制需要一定的参数进化调节时间以实现最佳的控制效果。

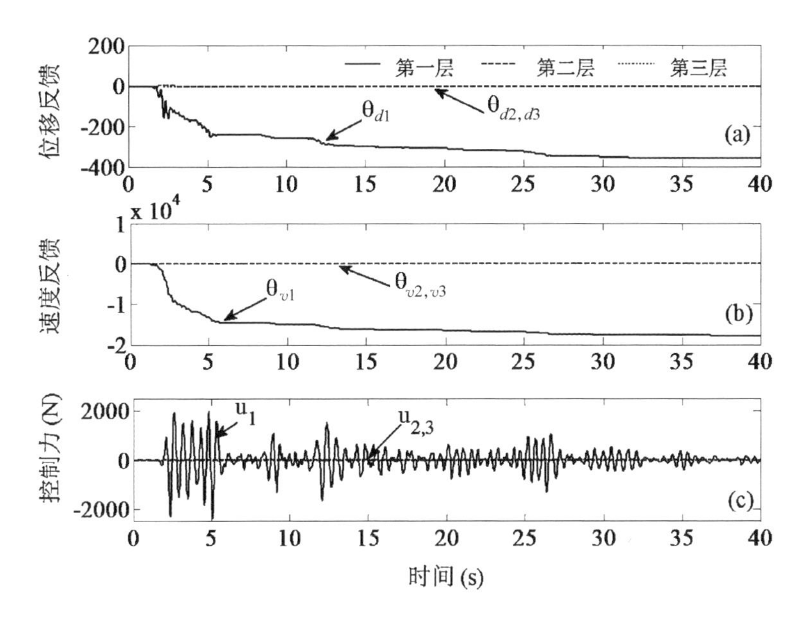

图 4－6　自适应控制算例 3 中结构各层对应自适应控制器时变参数及控制力时程：(a) 层间位移反馈参数；(b) 层间速度反馈参数；(c) 实时控制力

4.3.2　不同地震动输入

在 4.3.1 节的基础上进一步研究在不同地震动输入条件下的自适应控制算法及其控制效果。除了 1940 年 El Centro 地震南-北向量成分的加速度记录外，还选用了 1994 年 Northridge 地震南-北向量成分和 1995 年 Kobe 地震波的南北成分相应的加速度记录，地震动输入幅值均调整为 200 gal。结构受损状态和自适应控制算法参数设定参照 4.3.1 节中的自适应控制算例 4。

在三种不同的地震动输入条件下，受损结构在无控和有控条件下的结构动力响应峰值和均方根值，以及控制力峰值结果如表 4-3 所示。可以看到，在相同的自适应控制设计条件下，不同的地震动输入引起的结构动力响应和相应的结构振动控制力会有所不同。

表 4-3 三层受损结构模型在不同地震动输入下结构动力响应比较

地震输入	楼层	El Centro		Kobe		Northridge	
		无 控	有 控	无 控	有 控	无 控	有 控
位移(cm)	1	4.26	2.38	3.46	1.66	2.30	1.99
	2	5.83	3.37	4.75	2.30	3.19	2.77
	3	6.66	3.90	5.44	2.65	3.69	3.20
层间位移(cm)	1	4.26	2.38	3.46	1.66	2.30	1.99
	2	1.57	1.04	1.29	0.64	0.89	0.79
	3	0.83	0.56	0.69	0.35	0.50	0.42
加速度(m/s^2)	1	5.58	3.41	4.39	2.22	2.89	2.38
	2	7.28	4.72	5.90	2.92	3.90	3.56
	3	8.19	5.45	6.80	3.47	4.85	4.15
位移RMS值(cm)	1	1.00	0.22	0.75	0.21	0.49	0.15
	2	1.37	0.30	1.03	0.29	0.67	0.21
	3	1.57	0.35	1.18	0.34	0.77	0.25
加速度RMS值(m/s^2)	1	1.25	0.34	0.93	0.30	0.61	0.21
	2	1.71	0.45	1.28	0.42	0.83	0.29
	3	1.96	0.54	1.47	0.49	0.96	0.35
控制力(N)	1	0.00	6 196.48	0.00	3 776.88	0.00	3 736.41
	2	0.00	0.00	0.00	0.00	0.00	0.00
	3	0.00	0.00	0.00	0.00	0.00	0.00

由于在不同地震动作用下受损结构具有不同的动力响应表现，因此无从通过比较峰值和均方根值指标的绝对量值来评价控制效果。因此决定采用上文定义的相对控制效果指标进一步研究不同地震动的影响。图 4－7 所示为受损结构在不同地震动输入下的相对控制效果，四类指标分别为结构位移响应峰值和均方根值，结构加速度响应峰值和均方根值。

可以看到，以结构位移和加速度响应峰值为评价指标的相对控制效果在不同地震动输入条件下会有比较大的变化，如图 4－7(a)和(b)所示。其中，以 Kobe 地震动输入下的峰值控制效果最好，达到 55%～60%。与峰值指标的评价不同，以结构位移和加速度响应均方根值为评价指标的相对控制效果在不同地震动输入条件下则相对比较稳定，保持在65%～75%的较高水平，如图 4－7(c)和(d)所示。由此说明，自适应控制的峰值控制效果对不同地震动输入条件比较敏感，而均方根值控制效果在不同地震动输入条件下则比较稳定。

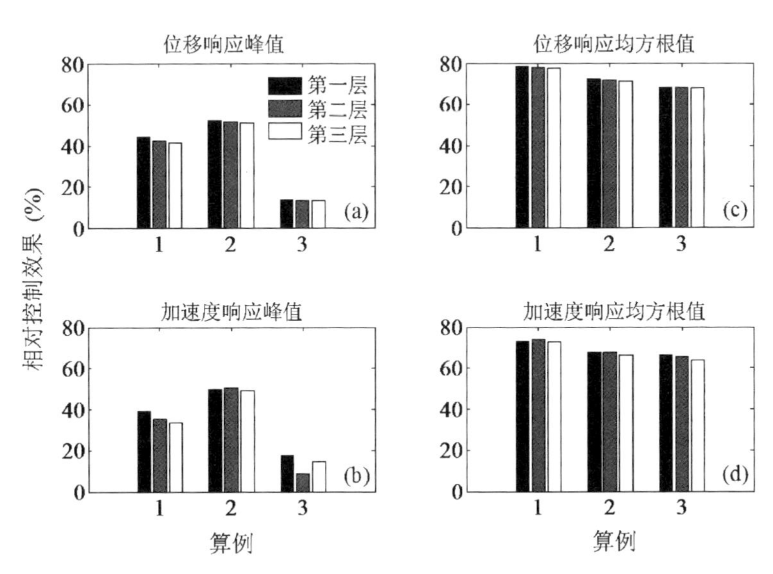

图 4－7　受损结构不同地震动输入下自适应控制的相对控制效果：(a) 位移响应峰值；(b) 加速度响应峰值；(c) 位移响应均方根值；(d) 加速度响应均方根值

4.3.3 不同结构损伤程度

本书提出的基于解耦的自适应控制算法主要针对的是受损结构,显然结构损伤程度将直接影响自适应控制算法及其实时控制效果。因此有必要研究不同结构损伤程度对自适应控制算法的影响。仍然考虑单损伤工况,三层剪切数值模型中第一层和第二层结构刚度不变 $\alpha_1 = \alpha_2 = 0$,第三层发生结构损伤,损伤程度 α_3 分别假定为 10%、20%、30%、40%和 50%,对应本小节中的计算工况 1—5。自适应控制中的参考模型为三层未受损剪切型初始模型。相关自适应控制算法中的参数设定 ($\boldsymbol{Q}_i$和$\boldsymbol{P}_i$) 与 4.3.1 节相同。增益参数 θ_{di} 和θ_{vi} 的进化过程初值均为 0,在线调节准则权重系数 θ_{d1} 和 θ_{v1} 为 1 000。

由于每个计算工况中实际受控结构的健康状态均不相同,导致受损结构相应无控状态下的结构动力响应不同。所以通过比较如表 4-2 中结构各层动力响应峰值和均方根值等绝对指标来评价不同工况间自适应控制算法的控制效果和变化规律将不一定适合。基于以上考虑,本节中将通过类似图 4-3 和图 4-7 所示的受损结构无控和有控条件下动力响应的相对指标来评价和比较各工况间控制效果。图 4-8 所示为结构第三层不同程度受损情况下的相对控制效果,图 4-9 所示为相应的第三层实时控制力峰值。

观察图 4-8 可以发现,自适应控制的相对控制效果随着结构第三层损伤程度的增大而增加。同时,与图 4-3 类似,图 4-8 显示自适应控制算法对结构动力响应的均方根值有更明显的控制效果。当结构发生中等程度损伤时 ($\alpha_3 = 30\% \sim 50\%$),以位移和加速度均方根值评价的结构相对控制效果可以达到 50%以上。同时,虽然自适应控制力只施加于结构受损的第三层,但是并没有因为控制力往第一、二层的向下传递而增大相应楼层的动力响应。相反的,由于上部结构动力响应特别

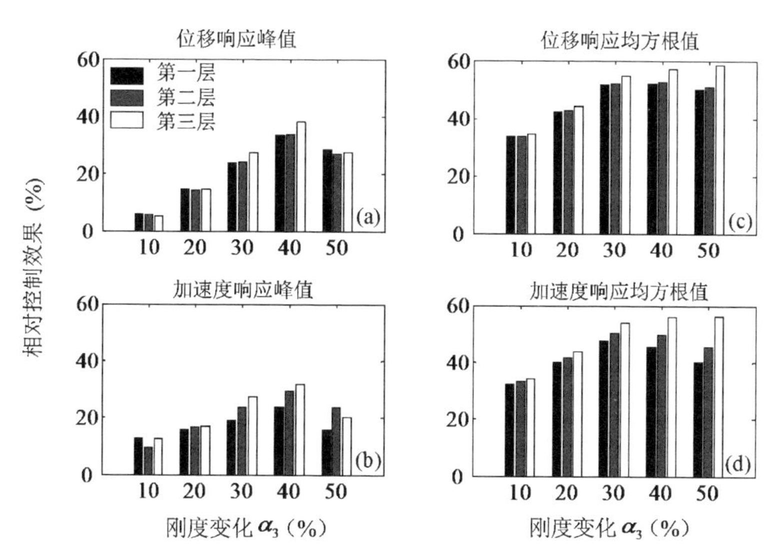

图 4-8　受损结构第三层不同受损条件下自适应控制的相对控制效果：(a) 位移响应峰值；(b) 加速度响应峰值；(c) 位移响应均方根值；(d) 加速度响应均方根值

是绝对加速度的降低，根据力平衡原理传递到下部结构的惯性力也将由此降低。因此，如图 4-8 所示，第三层的结构控制力对结构整体的动力响应产生了明显的控制作用。

图 4-9 显示随着结构损伤程度的增加，相应的自适应控制力峰值会有明显的增大。这一点具有重要的现实意义。当结构发生小损伤时，

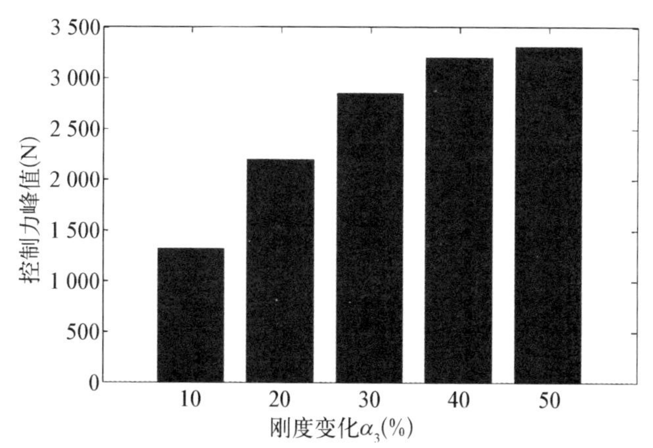

图 4-9　受损结构第三层不同受损条件下相应自适应控制力峰值

结构仍然具有较高的安全水平，因此没有必要施加较高的控制力水平实现较强的控制效果。当结构进入中等损伤状态后，需要较大的控制力实现明显的振动控制效果以防止引起结构进一步的损伤发展。说明本书提出的基于解耦的自适应控制算法具有对结构损伤程度的适应性，施加的控制力和受损结构的控制效果与实际结构损伤程度有关。

4.4 本章小结

本章在第 2 章和第 3 章研究的基于加速度反馈的在线损伤识别方法的基础上，首先提出了结构混合健康监测与控制系统的概念和设计，然后提出基于多自由度系统运动方程解耦的模型参考自适应控制算法用于实现混合系统的振动控制功能。通过一系列基于三自由度结构模型的数值算例，研究了自适应控制算法参数、地震动输入和结构受损程度对基于解耦的模型参考自适应控制算法的影响。

主要得到以下几点结论：

(1) 提出的基于解耦的模型参考自适应控制算法具有局部反馈控制的特点，只有当子结构发生局部损伤时，才能驱动自适应控制器输出控制力需求，驱动相应控制装置输出实时控制力；

(2) 自适应控制算法能实现受损结构实际层间响应与未受损结构参考响应间的渐进式趋于一致，并能有效降低结构的动力响应，如位移、层间位移和加速度等；

(3) 相比于结构动力响应峰值，自适应控制算法对结构动力响应均方根值拥有更明显的控制效果；

(4) 权重系数 γ_1 和 γ_2 将显著影响自适应控制力输出水平，权重系数越大输出控制力水平越高；

(5) 不同地震动输入将影响自适应控制力的大小和基于结构动力响应幅值评价的相对控制效果，但不会明显影响基于结构动力响应均方根值评价的相对控制效果；

(6) 自适应控制效果依赖于局部损伤程度，损伤程度越大相应的控制力峰值越大同时控制效果越明显。

第5章 结构混合健康监测与控制理论数值和试验研究

在本书的第 1 章中提出了结构混合健康监测与控制系统应该具有实时监测驱动、局部反馈控制和自适应控制的特点。在第 4 章中提出了相应的结构混合健康监测与控制系统的概念，并给出了健康监测和模型参考自适应控制相关的理论推导，并对相应的基于解耦的模型参考自适应控制进行了一系列基于不同条件下的控制效果研究。本章将在第 4 章的基础上，对结构混合系统进行系统的数值模拟和振动台试验研究。在数值模拟中将考虑含噪环境和多损伤工况，利用一个三层剪切框架模型进行损伤识别和自适应控制。在振动台试验中继续利用先前的三层铝质金属结构和附加弹簧组模拟结构层间刚度变化进行试验验证。

5.1 三自由度剪切型结构数值模拟

5.1.1 数值算例基本信息

采用与本书 2.2 节和 4.3 节相同的三层剪切型结构数值模型。结构每一层的质量、阻尼和刚度参数均相同，分别为 1 000 kg、

1.407 kN·s/m 和 980 kN/m。受损结构的损伤定义为结构每一层等效刚度参数的折减，用 α_i 量化结构损伤的程度，其中 i 代表结构损伤对应的楼层。采用 1940 年 El Centro 地震波的南-北向量成分加速度记录作为结构外界动力荷载输入到三层数值结构模型，输入加速度峰值为 200 gal，采样频率为 50 Hz 对应数值模拟时间间隔为 0.02 s。针对结构损伤识别，认为数值算例中结构各层的加速度和控制力，以及基底加速度可测。

在损伤工况设置中，同时考虑在地震荷载输入前已产生的损伤和在地震荷载激励过程中的突发损伤。定义结构损伤工况为：

(1) 工况 1 为结构完好未受损状态，三层结构损伤程度设定为 $\alpha_1 = \alpha_2 = \alpha_3 = 0$；

(2) 工况 2 为结构轻微受损状态，在整个动力激励过程中第一层和第二层结构层间刚度保持不变，即 $\alpha_1 = \alpha_2 = 0$，第三层结构刚度在动力激励的前 5 秒保持不变 $\alpha_3 = 0$，在第 5 秒时产生 15%的结构刚度折减，即 $\alpha_3 = 15\%$；

(3) 工况 3 为结构中度受损状态，三层结构损伤程度设定为 $\alpha_1 = 40\%$，$\alpha_2 = 20\%$，$\alpha_3 = 20\%$。

已知三自由度剪切型结构模型将解耦得到三个子结构系统，分别对应结构三个楼层。相应的，三个结构健康监控器将布置在三个子结构系统中。健康监控器将内嵌入完好未受损结构模型信息作为损伤识别的虚拟健康模型和自适应控制的参考模型。健康监控器损伤识别部分用于归一化输出计算的时域积分长度设为 $t_{\mathrm{h}} = 4$ s。混合系统中自适应控制器模块中对应每个子结构系统的模型参考自适应控制的在线调节权重矩阵 $\boldsymbol{\Gamma}$ 设为

$$\boldsymbol{\Gamma}_{1,2,3} = \begin{pmatrix} 100 & 0 \\ 0 & 100 \end{pmatrix}$$

同时正定对称矩阵 $\boldsymbol{Q}$ 定义为

$$\boldsymbol{Q}_{1,\,2,\,3}=100\begin{pmatrix}1 & 0\\ 0 & 1\end{pmatrix}$$

代入公式(4-23)中得到相应的唯一解

$$\boldsymbol{P}_{1,\,2,\,3}=\begin{pmatrix}3\,486 & 0.005\,1\\ 0.005\,1 & 3.557\,3\end{pmatrix}$$

另外反馈控制增益参数 $\theta_{d1,\,2,\,3}$ 和 $\theta_{v1,\,2,\,3}$ 的进化过程初值均为 0。在自适应控制中，假设结构状态（层间位移和速度响应）可测。由此，公式(4-17)和公式(4-27)描述的模型参考自适应控制可以应用于受损结构实时振动控制。另外，所有用于结构混合系统的动力响应均添加信噪比(Signal-to-Noise Ratio，SNR)为 30 dB 的白噪声用以模拟实际含噪声的情况。

5.1.2　结构损伤识别

三个楼层对应的三个结构健康监控器以结构各楼层相对加速度、实时控制力和基底加速度为输入，得到在不同损伤工况下的监控器初始输出和归一化输出，如图 5-1 和图 5-2 所示。

可以看到，损伤工况 2 中假设的结构第三层在第 5 秒发生的 15% 刚度突变成功地被第三层相应健康监控器初始输入和归一化输出侦测到，如图 5-1(a)和图 5-2(a)中的长虚线所示，结构子结构受损情况下相应监控器输出表现形式仍然为初始输出的突然增大和归一化输出的相对位置提升。同时，工况 2 中第一层和第二层相应监控器初始输出和归一化输出则继续维持与工况 1 中相似的状态，表明结构第一、二层未受损的刚度状态。

在损伤工况 3 中，结构第 1—3 层分别发生了 40%、20%和 20%的

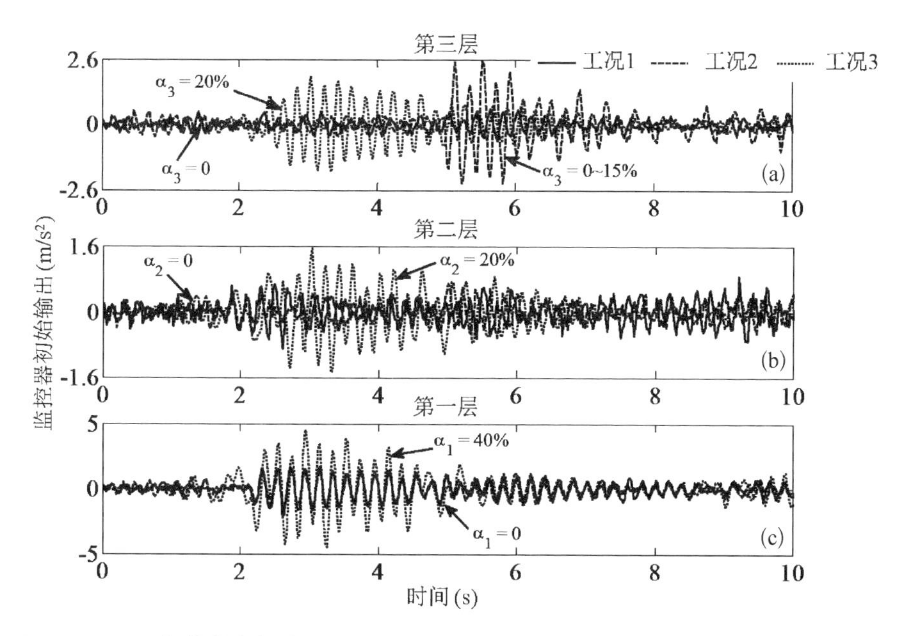

图 5-1　不同损伤状态健康监控器初始输出：(a) 楼层 3 对应监控器，(b) 楼层 2 对应监控器，(c) 楼层 1 对应监控器；其中工况 1　$\alpha_1 = \alpha_2 = \alpha_3 = 0$，工况 2　$\alpha_1 = \alpha_2 = 0, \alpha_3 = 0 \sim 15\%$，工况 3　$\alpha_1 = 40\%, \alpha_2 = 20\%, \alpha_3 = 20\%$

损伤。与未受损工况 1 相比，图 5-1(a)—(c)中三个监控器初始输出(短虚线)明显增大，图 5-2(a)—(c)中三个监控器归一化输出(短虚线)的相对位置明显提升，共同说明相应楼层均产生了不同程度的结构损伤。与轻微受损工况 2 比，结构第三层在工况 3 中 20%损伤程度对应的监控器初始输出幅值[图 5-1(a)中 2～5 s]并没有损伤工况 2 中第5 s 后 15%损伤程度对应的监控器初始输出幅值大，说明健康监控器初始输出幅值与结构损伤程度的对应关系会受到结构损伤发生状态和时刻的影响。但是图 5-2(a)说明即使结构初始输出受到了结构损伤发生状态和时刻的影响，归一化输出的相对位置提升仍然能准确地对应相应的结构损伤程度。图 5-1 和图 5-2 进一步说明在施加实时结构振动控制的情况下，第 2 章针对无控结构提出的在线损伤识别算法仍然能精确的识别结构损伤的产生、发展和位置。

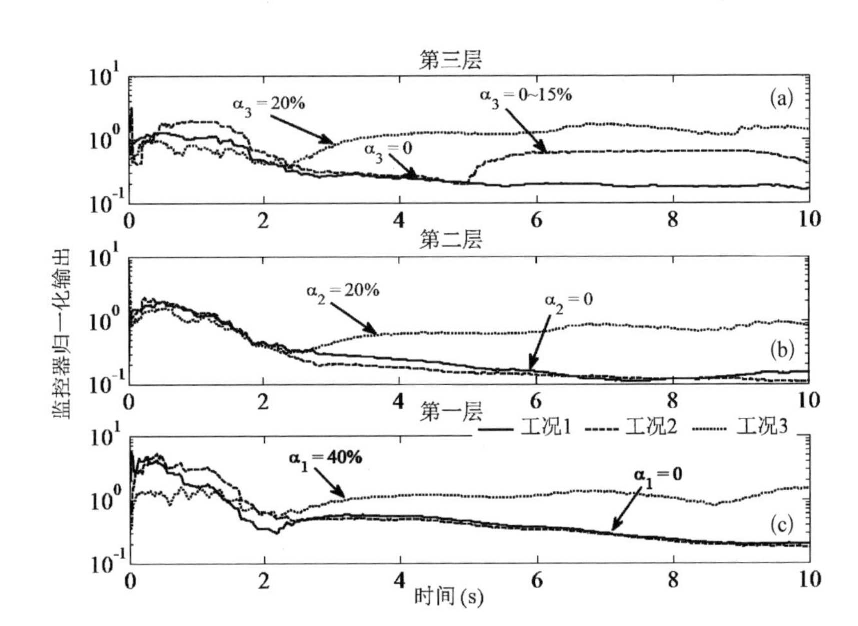

图 5-2　不同损伤状态健康监控器归一化输出：(a) 楼层 3 对应监控器，(b) 楼层 2 对应监控器，(c) 楼层 1 对应监控器；其中工况 1　$\alpha_1=\alpha_2=\alpha_3=0$，工况 2　$\alpha_1=\alpha_2=0, \alpha_3=0\sim15\%$，工况 3　$\alpha_1=40\%, \alpha_2=20\%, \alpha_3=20\%$

5.1.3　结构自适应控制

如第 4 章混合系统设计，在利用结构健康监控器输出进行在线损伤识别的同时，将利用内嵌于监控器中的参考模型和设计的自适应控制器进行受损结构实时振动控制。与表 4-2 类似，选取了三层结构数值模型各层的位移和加速度响应峰值和均方根值(RMS)，层间位移响应峰值以及控制力峰值作为评价指标用以比较模型参考自适应控制在结构不同位置不同损伤程度状态下的振动控制效果。表 5-1 所示为三层结构模型在三个损伤工况下不同动力响应评价指标值。

可以看到，在定义的结构轻微损伤工况 2 中，结构顶层第 5 秒后

表 5－1　三层剪切结构模型在不同损伤工况下的控制效果比较

评价指标	楼层	工况 1	工况 2		工况 3	
		无　控	无　控	有　控	无　控	有　控
位移（cm）	1	2.45	2.54	2.39	4.12	2.96
	2	4.31	4.48	4.20	6.50	4.62
	3	5.29	5.68	5.43	7.80	5.51
层间位移（cm）	1	2.45	2.54	2.39	4.12	2.96
	2	1.86	1.95	1.85	2.38	1.66
	3	2.94	3.21	3.04	3.68	2.54
加速度（m/s^2）	1	5.71	5.89	5.91	5.83	4.60
	2	8.55	9.21	7.74	8.52	6.22
	3	10.56	11.05	10.40	10.20	6.92
位移 RMS 值（cm）	1	0.69	0.69	0.58	0.85	0.38
	2	1.24	1.24	1.05	1.35	0.60
	3	1.54	1.61	1.35	1.62	0.72
加速度 RMS 值（m/s^2）	1	1.38	1.35	1.16	1.15	0.53
	2	2.40	2.37	2.02	1.77	0.79
	3	2.99	3.07	2.58	2.13	0.96
控制力（N）	1	—	—	30.44	—	2 296.08
	2	—	—	29.34	—	277.85
	3	—	—	559.92	—	45.61

15%的损伤引起了各楼层位移和层间位移响应不同程度的增加。例如，结构第 1—3 层的层间位移幅值分别产生了大约 3.7%、4.8%和 9.2%的增大。在定义的结构中度损伤工况 3 中，结构第 1—3 层 40%、20%和20%的损伤引起了各楼层位移和层间位移响应的明显增大。例如，结构第 1—3 层的位移响应幅值分别产生了大约 68.2%、50.8%和 47.4%的增加，层间位移响应幅值分别产生了大约 68.2%、27.9%和 25.1%的增

大。以上数值模拟结果表明结构局部损伤对结构动力响应特别是位移响应将产生不利的影响，而过大的结构位移响应将进一步提高对结构构件延性的要求，甚至引起局部楼层永久变形。为了防止结构损伤的进一步发展，对受损结构进行振动控制将是十分必要的。

对于结构轻微损伤工况 2，从表 5－1 中控制力幅值可以看到，结构受损的第三层相应控制力峰值有了明显的增加。同时注意到，当结构量测系统中存在噪声时，未受损的结构第一、二层的控制力也将具有一定的输出水平，但是与受损第三层相比，可以看到是维持在一个很低的控制力水平。图 5－3 所示为结构第三层相应的自适应控制器时变参数 θ_{d3} 和 θ_{v3} 以及控制力时程记录。

图 5－3(a)和(b)清楚地显示在结构损伤发生的第 5 s，时变参数 θ_{d3} 和 θ_{v3} 不再保持初值状态而迅速进入在线调节更新状态，由此在损伤发生的时刻自适应控制器开始输出控制力。从损伤工况 2 的振动控制计

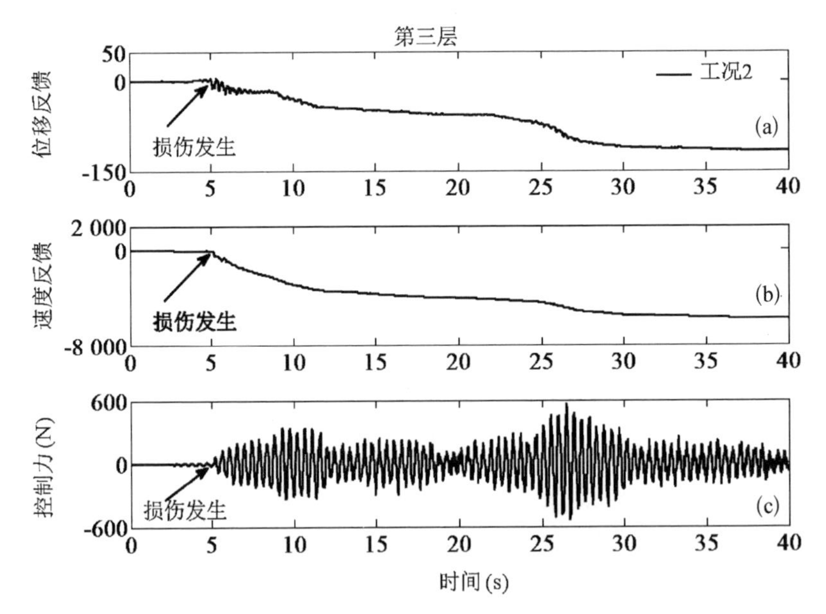

图 5－3　损伤工况 2 中结构受损第三层相应自适应控制器时变参数和控制力时程：(a) 层间位移反馈参数；(b) 层间速度反馈参数；(c) 实时控制力

算结果中可以看到自适应控制算法与结构损伤发生之间的密切联系。当结构局部产生损伤，相应子结构的层间响应将与参考模型的参考响应产生差异，由此驱动自适应控制器时变参数在线调节。结合工况 2 之前损伤识别的结果，可以清楚地看到混合系统中健康监控器能迅速地识别结构损伤的产生和相应位置，自适应控制模块在结构损伤发生之后能迅速反应，施加必要的控制力。两者共同体现了混合系统的实时监测驱动和局部反馈控制的特点。

图 5-4 和图 5-5 所示为在工况 3 中三层受损结构在无控和自适应控制状态下的结构位移和加速度响应时程。可以看到，如图 5-4 和图 5-5 所示，当前的自适应控制算法可以有效地降低受损结构在地震作用下的动力响应，同时从表 5-1 中发现第 1—3 层的位移响应幅值分别产生了大约 28.2%、28.9%和 29.3%的相对控制效果，位移响应均方根值分别产生了大约 55.3%、55.5%和 55.5%的相对控制效果。体现

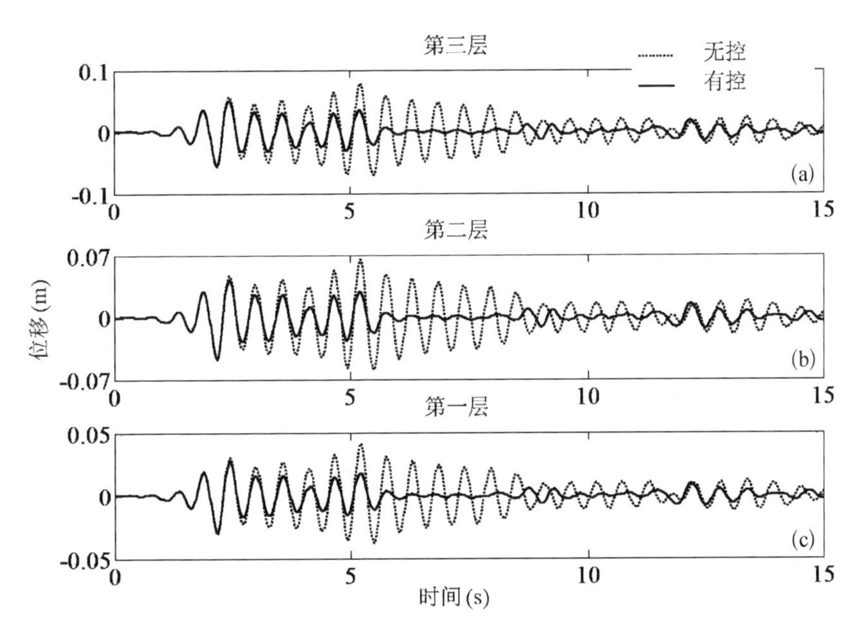

图 5-4　结构损伤工况 3 中受损结构在无控和自适应控制状态下的结构位移响应时程：(a) 第三层；(b) 第二层；(c) 第一层

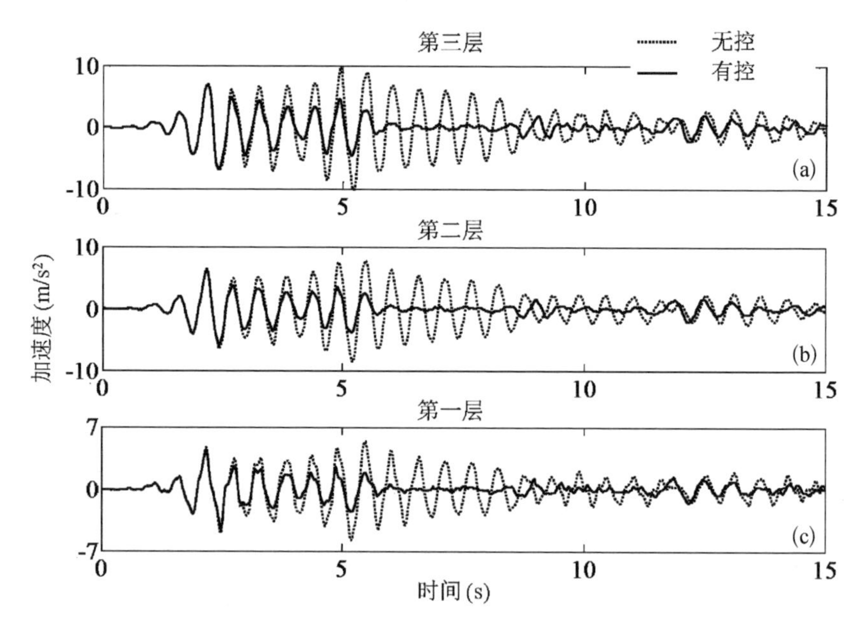

图 5-5 结构损伤工况 3 中受损结构在无控和自适应控制状态下的结构加速度响应时程：(a) 第三层；(b) 第二层；(c) 第一层

了自适应控制算法对结构动力响应均方根值指标更好的控制效果，这一点与第 4 章的相关结论一致。

图 5-6 所示为相应的在结构三层中各自的实时控制力时程。图 5-6(b)和(c)显示当结构第一、二层发生损伤后，相应楼层的控制力有了明显的增大，符合自适应控制算法与结构损伤发生之间的联系。然而有趣的发现，对于结构第三层的控制力，即使工况 3 中损伤程度有了5%的增大，相应的输出力水平相比于单损伤工况 2 中有了明显的下降。这点发现可以用 4.3.1 节的研究结果进行解释。在 4.3.1 节中结构底层发生单损伤状态，作用于结构底层的控制力具有全局振动控制表现，同样能降低上部楼层的动力响应幅值。因此上部未受损楼层在公式(4-7)中定义的等效外部输入荷载 p_i 将相应的减小。对于相应的子结构系统，外部动力荷载的减小将显著降低对振动控制力的需求。

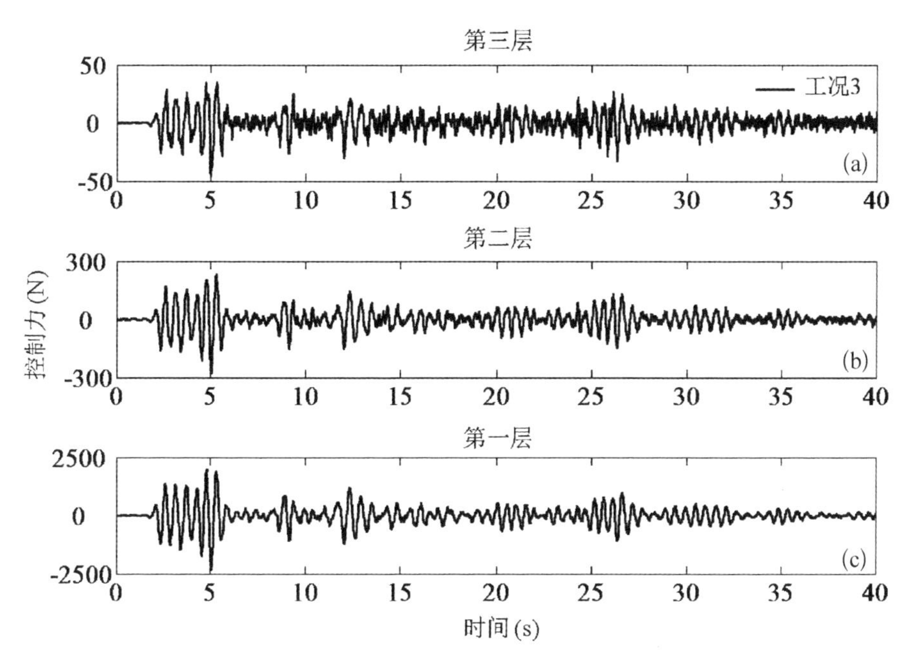

图 5－6　结构损伤工况 3 中受损结构各层控制力时程：(a) 第三层；(b) 第二层；(c) 第一层

为了进一步研究模型参考自适应控制算法，选择模拟损伤工况 3 中定义了最大损伤程度的结构第一层作为研究对象。图 5－7(a)和(b)所示为结构第一层相应自适应控制时变参数 θ_{d1} 和 θ_{v1} 的时程记录。图 5－7(c)所示为结构第一层实际受控层间位移响应和相应未受损参考模型计算的层间位移参考响应，通过比较来评估自适应控制实际的状态追踪表现。

从图 5－7(a)和(b)可以看到对应层间位移和速度反馈的时变参数均大约在第 5 秒左右收敛趋于稳定值，说明自适应反馈控制律将逐渐趋于稳定。这一趋势表现在图 5－7(c)中为第 5 s 后的层间位移响应状态追踪表现明显要优于前 5 s，同时进一步表现在图 5－4—图 5－5 中第5 s 后更明显的结构位移和加速度响应控制效果。基于数值模拟结果，可以说明自适应控制需要一定的参数调节时间以让时变反馈参数 θ_d 和 θ_v 达

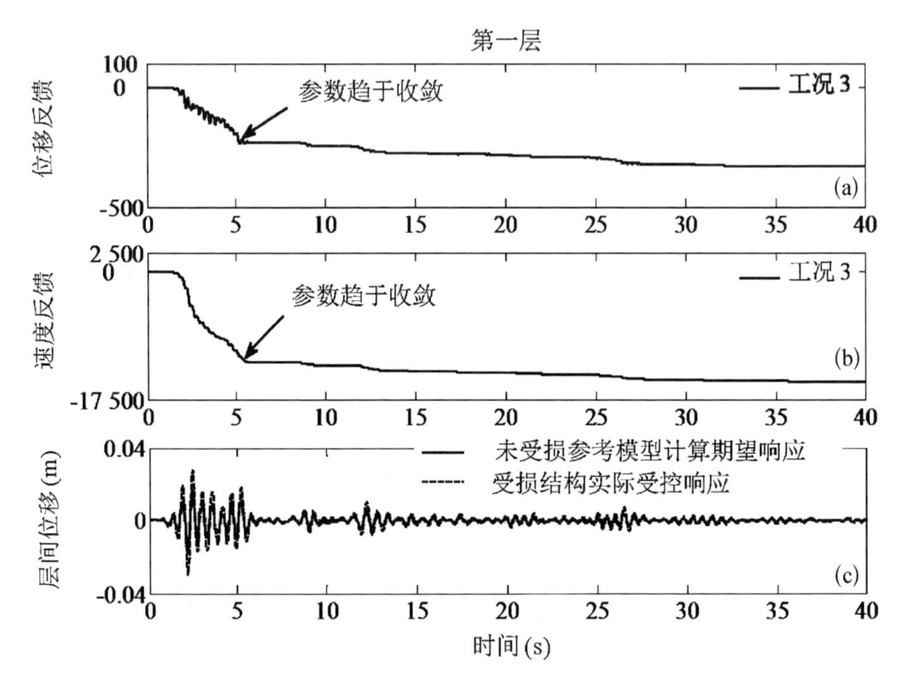

图 5-7 结构损伤工况 3 中受损结构第一层自适应控制时变参数以及实际受控结构和未受损参考模型的层间位移响应比较：(a) 层间位移反馈；(b) 层间速度反馈；(c) 层间位移响应比较

到稳定状态，实现受控结构最佳状态追踪表现。所以，参数调节结束后振动控制效果也将更明显。这也一定程度上解释了模型参考自适应控制对结构动力响应均方根值(RMS)比对动力响应的峰值拥有更好的控制效果。因为在地震激励过程中，最大基底加速度幅值往往较早出现，导致上部结构较大的响应幅值。而在此阶段自适应控制器可能还处于自我参数进化过程中，尚不能发挥最好的控制效果，例如图 5-7(a)和(b)中的前 5 s。结构动力响应均方根值(RMS)描述的是整个时间历程上的平均大小，自适应控制在完成参数进化后能迅速发挥振动抑制作用，如图 5-7(a)和(b)中的 5～40 s。因此，在整个时间历程上自适应控制效果将比较明显。

5.2　三层铝质金属结构振动台试验

5.2.1　试验基本信息

与 3.1 节采用相同的三层铝质金属试验结构，如图 3 - 1 所示。采用类似的方式模拟结构层间刚度改变，即通过附加一组弹簧到结构第一层。定义安装了弹簧组的试验结构状态为本次试验的完好未受损工况，未安装弹簧组的试验结构状态为本次试验的受损工况。试验设计为模拟结构底层的刚度改变，通过底层的主动驱动装置输出实际需要的控制力，用以研究本书提出的结构混合健康监测与控制系统。试验中提供主动控制力的驱动装置与结构底层楼板相连接，并安装在与基底相连的固定平台上，驱动装置接受电压信号输出主动控制力。试验中在结构底层的附加弹簧组安装情况和主动控制装置如图 5 - 8 所示。

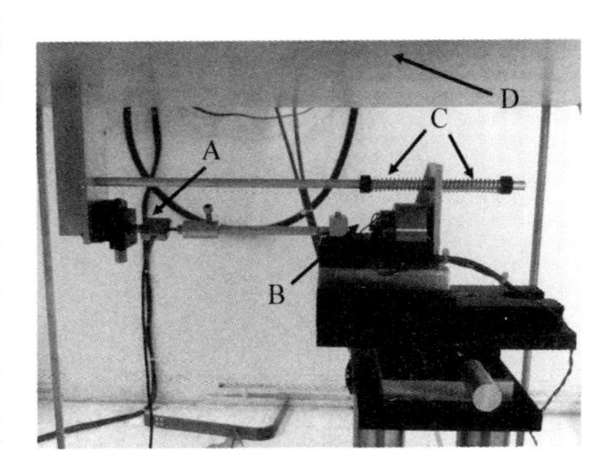

图 5 - 8　提供结构底层附加层间刚度的弹簧组安装装置和相应的主动控制驱动器。A：力传感器，B：主动控制驱动器，C：附加弹簧组，D：第一层楼面

振动台试验中模拟地震波选择为 1940 年 El Centro 地震波南-北向量成分的加速度记录。由于试验结构为缩尺结构，所以地震波的时间间隔设定为 0.004 s，同时输入的加速度幅值为 0.1g。试验中结构测量物理量为结构各楼面的相对位移和绝对加速度和台面输入绝对加速度，采样频率设定为 250 Hz。表 5 - 2 总结了结构三个试验工况对应的不同刚度状态和控制策略及相应的试验参数。

表 5-2 三层铝质金属结构相关试验

工况	刚度状态	附加刚度 (N/m)	加载时长 (s)	采样频率 (Hz)	定义健康状态	定义控制状态
1	Ⅰ	773.5	10.53	250	未受损	无控
2	Ⅱ	0	10.53	250	受损	无控
3	Ⅱ	0	10.53	250	受损	自适应控制

假定结构为线性集中质量模型,可以识别工况 1 中三层铝质金属结构的层间刚度分别为 $k_1 = 6\,625\ \mathrm{N/m}$, $k_2 = 7\,000\ \mathrm{N/m}$ 和 $k_3 = 7\,100\ \mathrm{N/m}$。图 5-9 和 5-10 所示为工况 1 对应完好未受损结构在无控条件下分别基于数值模拟和试验量测的位移和加速度响应时程记录。比较位移和加速度响应记录可以发现,数值模型计算得到的加速度和位移时程与试验量测得到的加速度和位移响应具有良好的吻合度。所以,建立的三自由度集中质量数值模型能很好地代表刚度状态Ⅰ下的试验模型,相应的数

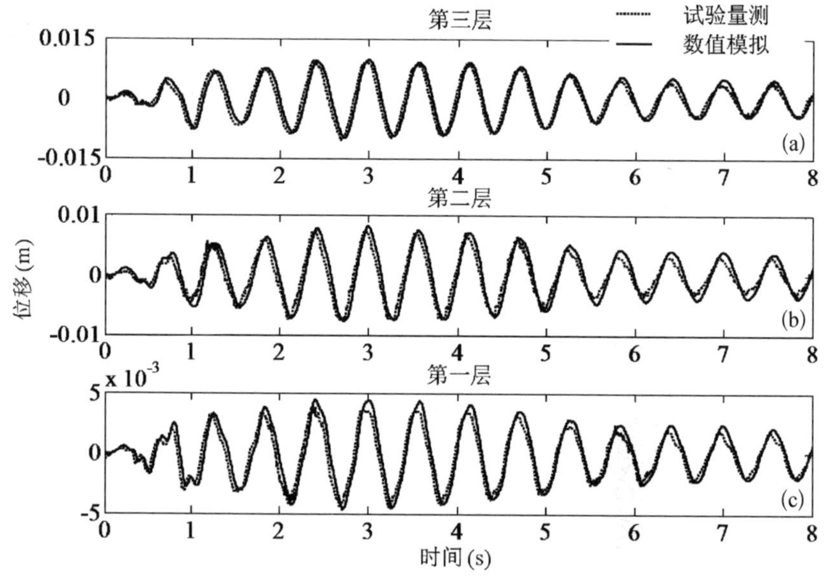

图 5-9 试验模型实测结构位移响应和数值模型计算结构位移时程比较: (a) 第三层; (b) 第二层; (c) 第一层

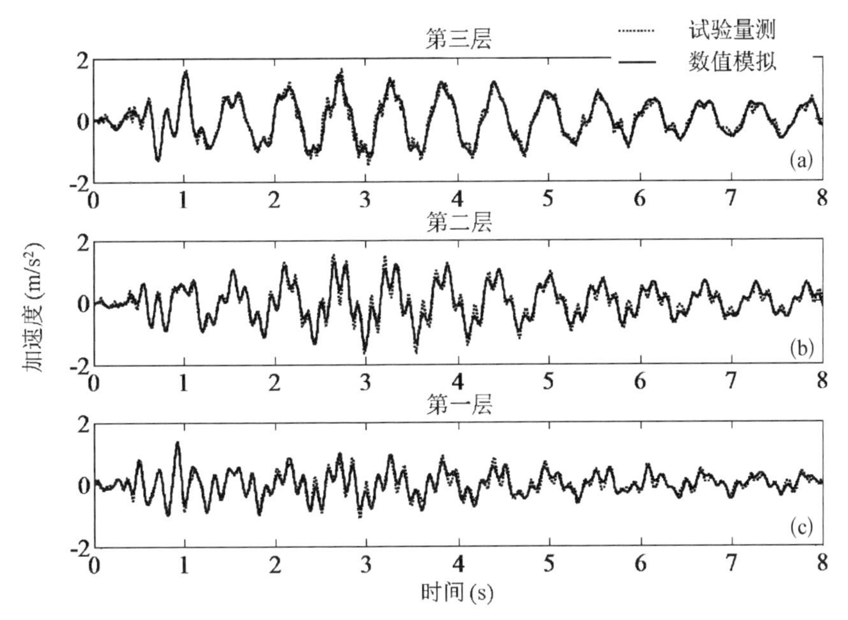

图 5-10　试验模型实测结构加速度响应和数值模型计算结构加速度时程比较：(a) 第三层；(b) 第二层；(c) 第一层

值模型信息可以进一步内嵌到相应健康监控器用于混合健康监测与控制。工况 1 中对应刚度状态Ⅰ的附加弹簧组增加的结构底层层间刚度约为 $\Delta k_1 = 773\ \mathrm{N/m}$，因此工况 2 和 3 中刚度状态Ⅱ中相应的结构刚度折减为 $\alpha_1 = 11.7\%$。

5.2.2　结构损伤识别

结构第二、三层对应的结构健康监控器以结构各楼层的相对加速度和基底加速度为输入，结构第一层的监控器则在加速度量测的基础上还需要主动控制力的实时量测数据。健康监控器计算归一化输出的时域积分长度设定为 $t_h = 4\ \mathrm{s}$。图 5-11 所示为三个监控器在不同刚度状态下的初始输出和归一化输出。

图 5-11(c)和(f)反映的是结构模型第一层的刚度变化状态。观察

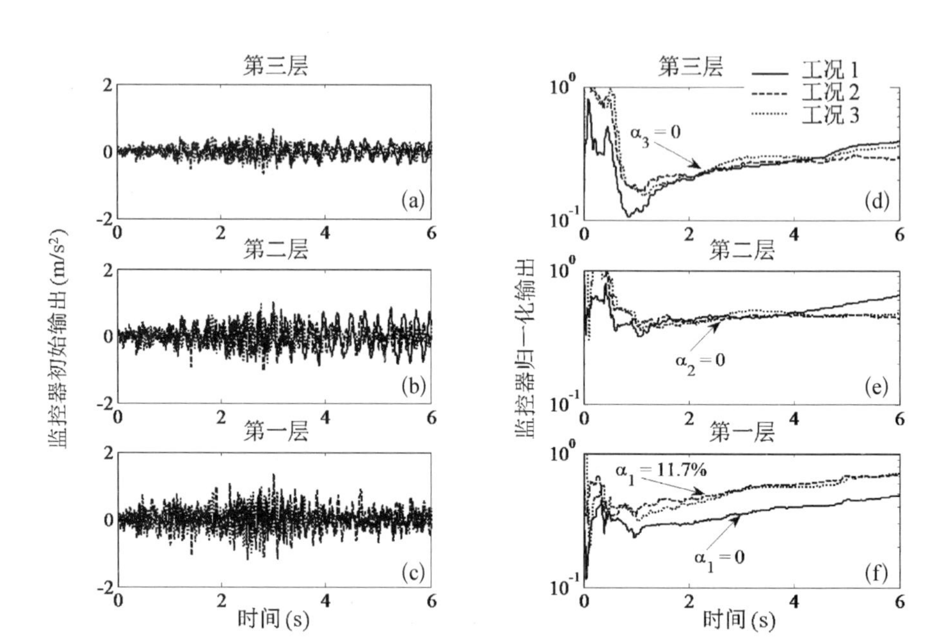

图 5 - 11 三层铝质试验结构模型在不同刚度状态下的健康监控器输出：(a)—(c) 初始输出；(d)—(f) 归一化输出；其中刚度状态Ⅰ($\alpha_1=0$)，Ⅱ($\alpha_1=11.7\%$)

发现，与未受损工况 1 对应的刚度状态Ⅰ相比，受损工况 2 和 3(刚度状态Ⅱ)对应的监控器初始输出和归一化输出均有了一定程度的变化，说明第一层结构刚度改变。相对于图 5 - 11(c)中初始输出不够明显的增大，图 5 - 11(f)的归一化输出产生了明显的相对位置提升，清楚直接地说明了小损伤模拟条件试验中的结构底层刚度折减。图 5 - 11(f)的归一化输出在工况 2 和 3 中相似的位置提升说明，即使在不同的结构控制状态下监控器归一化输出也能保持与结构损伤程度的直接稳定联系。另外，图 5 - 11(a)—(b)和(d)—(e)对应的结构第二层和第三层监控器初始输出和归一化输出在不同工况间基本保持相对类似的输出状态，说明在试验过程中第二层和第三层的刚度未发生明显的变化。由此，针对受损结构有控状态下的混合结构健康监测和控制系统的结构损伤识别功能在试验中成功得到验证，在不同的控制状态下结构模型的损伤的产生和位置能准确识别得到。

在本书3.1.4节中，一种基于数值预测曲线和线性内插技术的结构损伤程度估计方法在相同的三层铝质金属结构的振动台试验研究中得到了阐述和验证。图3-11具体描述了基于预测曲线的损伤程度估计方法和流程。类似地，图5-12所示为三层铝质金属结构底层刚度变化的数值预测曲线。

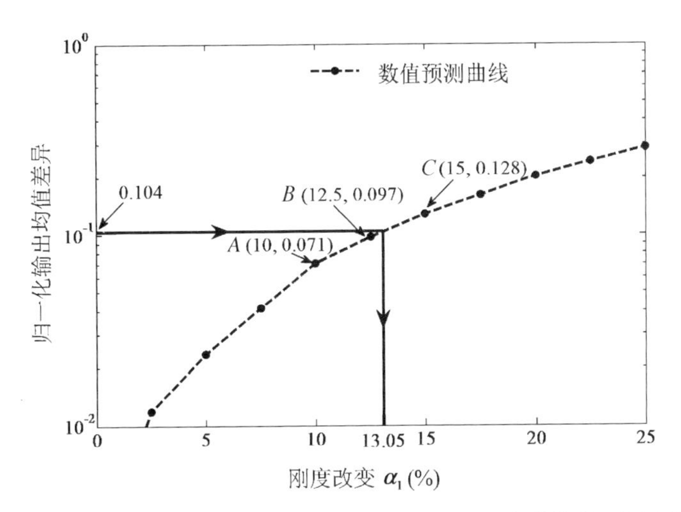

图5-12　对应三层铝质金属结构第一层结构刚度改变的数值预测曲线及基于线性内插方法的结构损伤程度估计($\alpha_1=11.7\%$)

数值预测曲线上一系列离散的数据点是预先设定一系列结构层间刚度变化 $\alpha_i=0, 1, 5, 10, \cdots, 25, \cdots$ 到已知的未受损数值模型中，理论计算得到相应加速度响应，利用公式(2-23)得到相应的归一化均值 $\bar{r}_{\text{norm}, i}$，继而得到一系列归一化均值差异 $\Delta\bar{r}_{\text{norm}, i}$。例如，当 $\alpha_1=0$ 时基于数值计算的归一化输出平稳段均值为0.052，而当 $\alpha_1=10\%$ 时相应的均值为0.123，所以对应于结构底层10%刚度变化的归一化输出均值差异为0.071，标注为图5-12中点 A。选择工况1对应刚度状态Ⅰ和工况3对应刚度状态Ⅱ的监控器归一化输出作为估计结构损伤程度的研究对象。根据两者监控器归一化输出计算得到工况 3 对应的归一化输出均值差异为 0.104，如图 5－12 所示，处于数值预测曲线离散点 B (12.5, 0.097)和 C(15, 0.128)间，由此利用线性内插法得到预测的结构第一层刚度改变 $\alpha_{1,\text{预测}}$ 为 13.0%。与试验中实际的附加弹簧对刚度估计的结构刚度改变 $\alpha_1 = 11.7\%$ 相比，根据数值预测曲线和线性内插预测的结构刚度改变 $\alpha_{1,\text{预测}} = 13.0\%$ 一定程度上高估了结构损伤的程度，但是考虑到实际试验噪声等因素的影响，从试验的角度看两者还是具有较好的吻合度。

5.2.3 结构振动控制

利用已知的未受损结构数值模型作为自适应控制中的参考模型，进行自适应控制设计及相关参数的设定。针对试验中受损的第一层结构，相应的矩阵 $\boldsymbol{A}_{m1}$ 可以写成

$$\boldsymbol{A}_{m1} = \begin{pmatrix} 0 & 1 \\ -597.34 & -1.9836 \end{pmatrix}$$

对应于第一层结构的解耦后子结构系统，相应的调节权重矩阵 $\boldsymbol{\Gamma}$ 设定为

$$\boldsymbol{\Gamma}_1 = \begin{pmatrix} 10 & 0 \\ 0 & 2 \end{pmatrix}$$

对称正定矩阵设定 $\boldsymbol{Q}$ 为

$$\boldsymbol{Q}_1 = \begin{pmatrix} 10^7 & 0 \\ 0 & 10^3 \end{pmatrix}$$

所以根据公式(4－23)中得到相应的唯一解

$$\boldsymbol{P}_1 = 1\,000 \begin{pmatrix} 2\,687.81 & 8.37 \\ 8.37 & 4.47 \end{pmatrix}$$

增益参数 θ_{d1} 和 θ_{v1} 在 $t=0$ s 时刻的初值均为 0。在振动台试验过程中，结构第一层相对于基底的位移直接通过位移传感器量测得到，相应的第一层速度响应得通过数值微分技术实时计算得到。

选取了三层结构数值模型各层的位移和加速度响应峰值和均方根值(RMS)，层间位移响应峰值以及控制力峰值作为评价指标用以比较模型参考自适应控制对受损结构的振动控制效果。表 5-3 所示为三层结构试验模型在三个试验工况下动力响应评价指标值。图 5-13 所示为结构试验模型在三个试验工况下实测的三层位移响应时程。

表 5-3　三层铝质金属结构在不同工况下的动力响应比较

刚度状态评价指标	Ⅰ无控	Ⅱ无控	Ⅱ有控
位移(cm)	0.45	0.58	0.47
	0.76	0.93	0.77
	1.04	1.20	0.97
层间位移(cm)	0.45	0.58	0.47
	0.40	0.51	0.43
	0.63	0.77	0.63
加速度(m/s^2)	1.35	1.57	1.44
	1.64	1.63	1.36
	1.66	2.09	1.72
位移 RMS 值(cm)	0.18	0.26	0.16
	0.30	0.45	0.26
	0.41	0.59	0.35
加速度 RMS 值(m/s^2)	0.32	0.48	0.30
	0.47	0.64	0.39
	0.53	0.73	0.45
控制力(N)	—	—	3.02

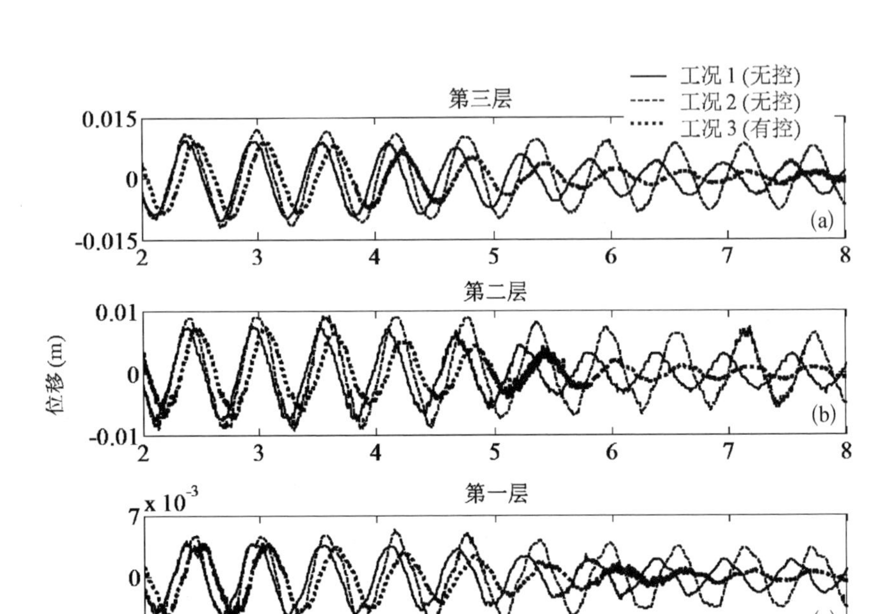

图 5-13　不同工况中试验结构在无控和自适应控制状态下的结构位移响应时程：(a) 第三层；(b) 第二层；(c) 第一层

与之前的数值模拟结果类似，比较工况 1 和 2 发现当结构底层产生 11.7%的刚度折减后，除了结构第二层的加速度外，其余受损结构位移、加速度和层间位移响应均有了 15%～27%的增大。例如第 1—3 层的位移响应幅值分别产生了约 28.9%、22.4%和 15.4%的增大，层间位移响应幅值分别产生了约 28.9%、27.5%和 22.2%的增大。同时，比较工况 2 和 3 发现，模型参考自适应控制有效地降低了受损结构的各类动力响应指标，对应于位移、层间位移和加速度响应的幅值大致上分别有 16%～18%、15%～18%和 7%～18%的控制效果。以结构动力响应均方根值(RMS)来评价相对控制效果，自适应控制分别降低了 40%～41%和 38%～39%的结构位移和加速度响应均方根值。通过振动台试验，进一步验证了本书提出的基于解耦的模型参考自适应控制拥有对整个时间历程上更好的控制效果。

除了通过振动台试验结果验证混合系统振动控制的效果外，比较基于试验信息的数值模拟与实际振动台试验结果也是非常重要的一个方面，用以说明自适应控制理论的正确性和应用性。在本书提出的基于解耦的自适应控制中，控制器时变可调参数 θ_d 和 θ_v 的在线调节更新和渐近的收敛稳定性对于实际受控结构的状态跟踪具有非常重要的意义。在振动台试验过程中，基于每个时间步长的离散瞬时控制器参数值都实时保存下来用于与数值模拟结果的比较。图 5－14 所示为基于结构试验模型量测和数值模型理论计算的参数 θ_{d1} 和 θ_{v1} 的时程曲线。

从图 5－14 中首先可以看到无论是实际试验过程中还是数值模拟过程中，两个自适应控制器参数均实现了渐近性收敛稳定。在此基础上，振动台试验量测得到和数值模拟计算得到 θ_{d1} 和 θ_{v1} 的时程曲线拥有很好的吻合度，进一步说明了控制理论的正确性。另外，观察到在第 4 秒后自适应控制器参数逐渐趋于稳定。从 5.1.3 节最后一段讨论中

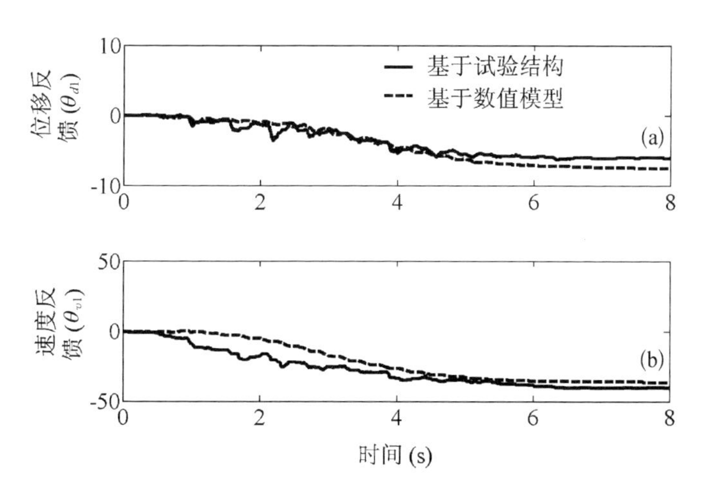

图 5－14　工况 3 中第一层相应自适应控制器时变参数：(a) 层间位移反馈参数；(b) 层间速度反馈参数

知道，当控制器时变参数趋于稳定时，自适应控制效果将趋于明显。图5－13所示结构三层位移响应在4 s前后的控制效果明显程度差异从振动台试验的角度验证了这一观点。

图5－15和图5－16所示为基于试验模型量测和数值模型计算的工况3中结构各层位移和加速度时程曲线。可以看到，两者间拥有很好的吻合度，试验模型量测结果进一步证明了理论模型的准确性。图5-17比较了振动台试验过程中自适应控制器在线计算控制力时程、主动驱动装置实际输出控制力时程和基于数值模型计算的控制力时程曲线。可以看到，图5－17中三者相应的时程曲线拥有几乎一致的振荡周期。另外，基于数值模型计算的控制力结果与振动台试验过程中自适应控制器在线计算控制力结果在峰值上拥有更好的吻合度。主动驱动装置实际输出控制力与另外两者间的差异可能来自驱动装置在相对较高输出力水平的非线性特性和实际力传感器在振动过程中的量测误差。

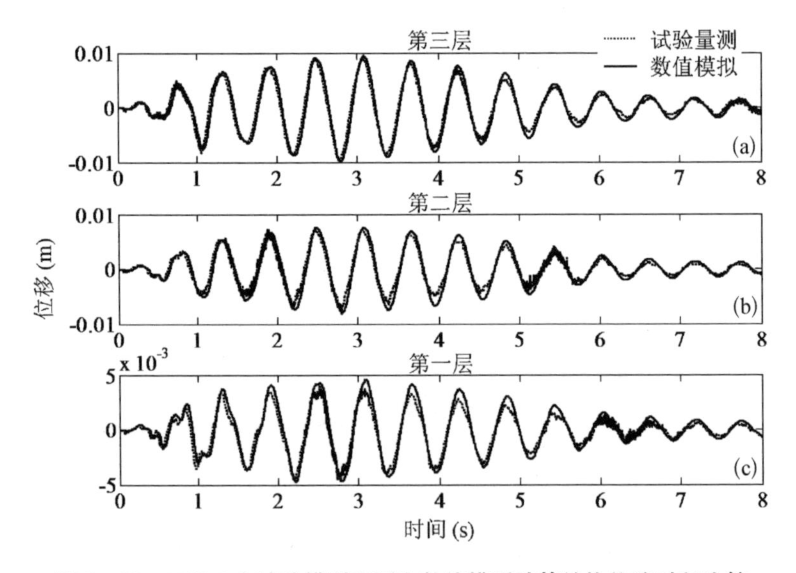

图5－15　工况3中试验模型实测和数值模型计算结构位移时程比较

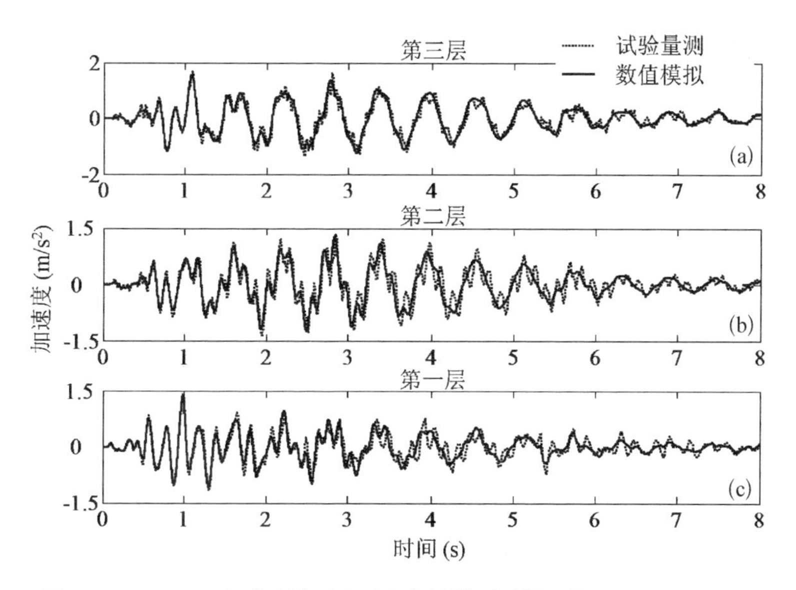

图 5-16　工况 3 中试验模型实测和数值模型计算结构加速度时程比较

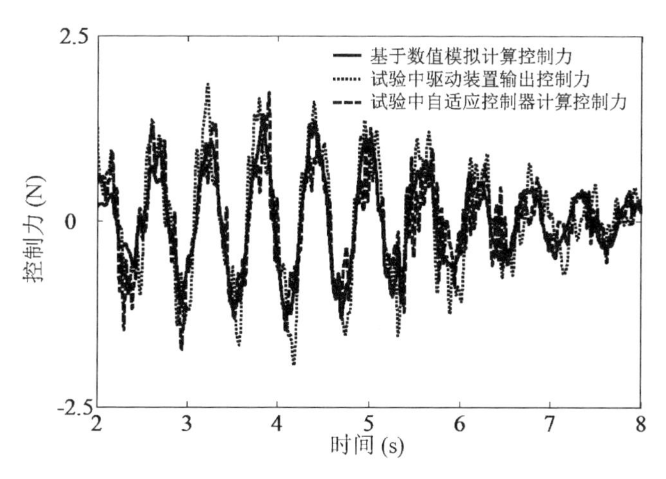

图 5-17　工况 3 中自适应控制器在线计算控制力时程、主动驱动装置实际输出控制力时程和基于数值模型计算的控制力时程曲线比较

除了比较结构动力响应的峰值和均方根值外，受损结构的状态实时跟踪表现也是评价模型参考自适应控制的一个重要方面。图 5-18(a)所示为实际三层铝质金属结构在地震荷载激励过程中实测层间位移响应和监控器实时计算的参考响应，图 5-18(b)所示为相应结构数值模型的层间位移响应比较。可以看到，在整个时间段内，无论是试验结构还是数值模型都拥有较好的状态追踪表现。这说明，在结构底层刚度降低后，通过模型参考自适应控制，可以实现受损结构的地震下动力响应接近完好未受损结构的动力响应。

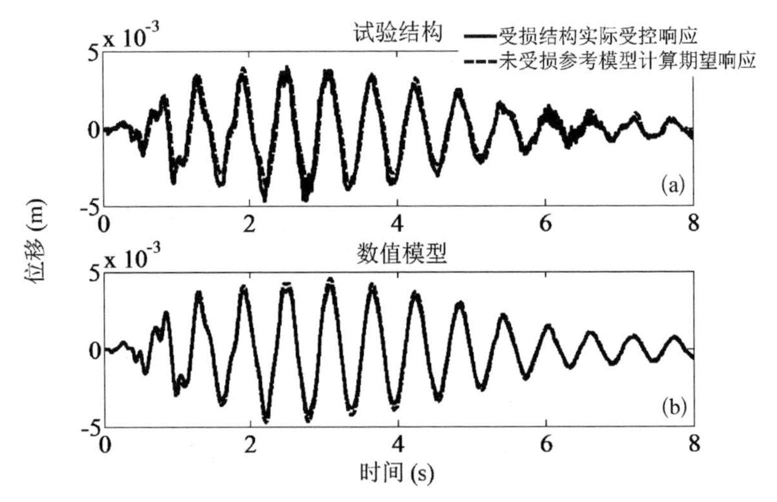

图 5－18　受损结构实际层间位移响应和未受损参考模型计算参考响应间比较：(a) 试验结构；(b) 数值模型

5.3　本 章 小 结

本章基于一个三层剪切型数值模型的数值模拟和一个三层铝质金属试验结构的振动台试验，对第 4 章中提出结构混合健康监测与控制系统进行了系统的研究。通过相关的数值和试验研究，验证了由基于解耦的在线损伤识别方法和模型参考自适应控制组成的混合系统的正确性和可行性。为了更好地解释和说明图 4－2 中提出的相应流程和概念，以本章 5.1 节中损伤工况 2 的相应数值模拟结果得到图 5－19。可以看到，图 5－19 清楚地图解说明了图 4－2 中混合系统各个功能模块在地

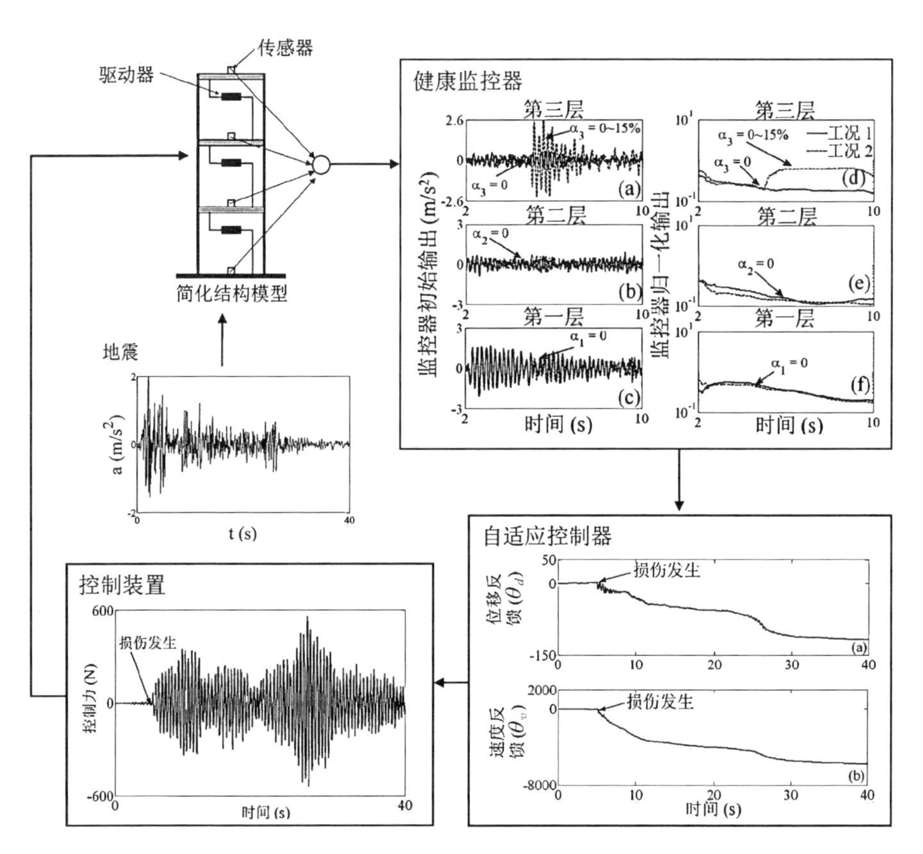

图 5 - 19　以本章 5.1 节中损伤工况 2 的相应数值模拟结果为例图解图 4 - 2 中提出的混合健康监测与控制系统概念

震激励过程中的实时作用和结果。当损伤工况 2 中在地震激励的第5 s 时结构第三层发生了 15%的层间刚度折减，对应的监控器的初始输出和归一化输出都能及时发现相应的刚度变化，识别相应的结构损伤情况。与此同时，健康监控器的部分输出进入自适应控制器模块，原本稳定在初值状态的自适应控制器时变参数迅速作出反应，启动在线参数调节并计算实时的控制力。相应的实时控制力命令输出到相应受损楼层的控制驱动装置，指导其输出相应的控制力，最终实现在地震激励过程中的实时驱动，控制由于结构受损造成的对结构动力反应的不利影响。

第6章 结论和展望

6.1 结论

在结构健康监测和结构振动控制各自发展几十年之后，进行建筑结构的混合健康监测与控制研究对于取各自研究之所长，保障土木工程结构安全性和可持续性，真正意义上实现智能结构（自感应、自驱动和自修复）具有重要意义，将逐渐成为接下来土木工程领域研究的热点问题。

本书基于多自由度结构运动方程解耦得到若干子结构系统，提出了基于加速度反馈的在线损伤识别方法和相应的模型参考自适应控制算法，共同组成了具有在线监测和驱动功能的混合健康监测与控制系统。通过理论分析、数值模拟和一系列振动台试验研究对提出的混合健康监测与控制系统进行了系统的阐述和研究。本书的主要研究成果汇总如下：

(1) 回顾和总结了近几十年来结构损伤识别算法和结构振动控制的主要研究成果和进展。在此基础上，对近年来结构混合健康监测与控制系统的研究进行了深入分析，提出了未来结构混合健康监测与控制系统应该具有的三个主要特点：实时监测驱动、局部反馈控制和自适应性。

(2) 将多自由度剪切型结构模型解耦成为一系列单自由度子结构，在此基础上，通过定义虚拟的健康子系统构建结构健康监控器，基于监控器初始输出和归一化输出进行在线结构损伤识别和定位。利用一个三自由度和一个八自由度剪切模型开展了数值模拟研究，讨论了一系列在实际工程应用中可能遇到的对结构损伤识别存在影响的因素。研究表明监控器初始输出会受到结构地震动输入特性和幅值的影响，归一化输出在不同的地震动输入下能保持对结构损伤位置和程度准确的识别能力，并且在不同噪声水平下与结构损伤程度仍然有良好的单向相关性。

(3) 系统地对提出的基于加速度反馈的在线结构损伤识别算法进行了振动台试验研究。通过附加弹簧组模拟实现一个三层铝质金属结构底层不同的层间刚度，验证了损伤识别算法在不同结构损伤程度下的诊断能力。基于数值计算和试验量测对应的归一化输出的吻合，提出一种数值预测曲线用于实际结构损伤程度估计。对数值计算中的时间间隔 Δt 进行收敛性分析，分析表明过大的时间步长将影响归一化输出的相对位置和相应均值。进一步利用持续模拟地震动输入一个十二层钢筋混凝土框架结构，验证了结构损伤识别算法对天然的裂缝发生、发展和位置的诊断能力。

(4) 根据多自由度剪切型结构模型解耦得到单自由度子结构，提出了相应的基于解耦的模型参考自适应控制。详细阐述了由在线损伤识别算法和模型参考自适应控制组成的混合结构健康监测和控制系统的概念和功能。利用一个三自由度剪切数值模型开展了自适应控制数值模拟研究，研究表明提出的基于解耦的模型参考自适应控制算法具有局部反馈控制的特点，能实现受损结构实际层间动力响应与未受损结构参考响应间的渐进式趋于一致，继而有效降低结构的动力响应。自适应控制算法对基于整个时间历程的相应均方根值(RMS)拥有更明显的控制效果。调节权重矩阵对角元上的参数越大,相应的自适应控制力越大。自适应控制效果依赖于局部损伤程度,损伤程度越大控制效果越明显,同时相应的控制力峰值也越大。

(5) 对结构混合健康监测与控制系统进行了系统的数值模拟和振动台试验研究。基于三层剪切型数值模型和不同定义损伤工况条件,验证了在有控条件下在线损伤识别算法的损伤识别能力和在损伤发生条件下混合系统的控制模块能迅速地在受损区域输出相应的控制力,以降低结构动力响应。继续利用附加弹簧组模拟改变一个三层铝质金属结构底层的层间刚度,结合振动台试验验证了混合系统对受损结构的损伤识别和振动控制能力。研究发现数值计算和振动台试验在自适应控制器时变参数、控制力、结构位移和加速度响应上具有良好的吻合度,说明本书提出的混合健康监测与控制系统相关理论的正确性。

6.2 未来工作和展望

结构混合健康监测与控制系统研究在国内外尚处于理论起步阶段,并未有太多的试验研究结果。本书提出了全新的混合系统概念以实现在同一次灾害事件中的实时监测和控制效果,基本实现本书第1章中提出的混合系统应该具有的三个特点。虽然取得了一些成果和有意义的结论,但仍然有许多问题需要进一步的探索:

(1) 本书提出的混合健康监测与控制系统在地震荷载激励下控制受损区域动力响应,并未有真正意义上实现智能结构的“自修复”要求。如图4-2所示,在地震过去之后,寻找合适的局部无损检测技术融合入本书的混合系统,以提高构件层次的局部损伤识别的有效性和精确性。

（2）本书理论和试验研究的结构损伤状态为简单的层间刚度折减，与土木工程结构的非线性特性存在一定的差异。考虑实际工程应用，存在可能由于简化模型而引起的误差，需要进一步研究利用 Bouc-Wen 等非线性模型条件下的混合健康监测和控制系统的鲁棒性和稳定性。

（3）改进基于解耦的模型参考自适应控制，发展基于加速度量测的自适应控制算法，以增加混合健康监测与控制系统在实际建筑工程中的可应用性。

（4）继续开展包括智能算法在内的建筑结构混合健康监测与控制系统研究，增加结构自感知、自修复和自驱动的能力，以进一步实现智能结构。

（5）尝试在实际结构中运用人工激励的方法研究混合健康监测与控制系统在真实工程结构中的各类性能表现。

参考文献

[1] Carden EP, Fanning P. Vibration based condition monitoring: A review[J]. Structural Health Monitoring. 2004, 3(4): 355 - 377.

[2] Chang PC, Flatau A, Liu S. Review paper: health monitoring of civil infrastructure. Structural Health Monitoring[J]. 2003, 2: 257 - 267.

[3] Housner G, Bergman L, Caughey T, Chassiakos A, Claus R, Masri S et al. Structural control: past, present, and future[J]. Journal of Engineering Mechanics. 1997, 123(9): 897 - 971.

[4] 欧进萍.结构振动控制：主动、半主动和智能[J].北京：科学出版社,2003.

[5] Doebling S W, Farrar C R, Prime M B, Shevitz D W. Damage identification and health monitoring of structural and mechanical systems from changes in their vibration characteristics: a literature review[C]. Los Alamos National Lab, NM (United States), 1996.

[6] 李宏男,李东升.土木工程结构安全性评估,健康监测及诊断述评[J].地震工程与工程振动,2002,22(3): 82 - 90.

[7] 宗周红,任伟新,阮毅.土木工程结构损伤诊断研究进展[J].土木工程学报,2003,36(5): 105 - 110.

[8] 闫桂荣,段忠东,欧进萍.基于结构振动信息的损伤识别研究综述.地震工程与工程振动,2007,27(3): 95 - 103.

[9] Park G, Muntges D E, Inman D J. Self-monitoring and self-healing jointed structures[J]. Key Engineering Materials, 2001, 204: 75 - 84.

[10] Salawu O. Detection of structural damage through changes in frequency: a review[J]. Engineering Structures, 1997, 19(9): 718 - 723.

[11] Cawley P, Adams R D. The location of defects in structures from measurements of natural frequencies[J]. Journal of Strain Analysis, 1979, 14(2): 49 - 57.

[12] Banks H, Inman D, Leo D, Wang Y. An experimentally validated damage detection theory in smart structures[J]. Journal of Sound and Vibration, 1996, 191(5): 859 - 880.

[13] 薛松涛,陈宇音.采用二阶频率灵敏度的损伤识别和试验[J].同济大学学报:自然科学版,2003,31(3): 263 - 267.

[14] 谢峻,韩大建.一种改进的基于频率测量的结构损伤识别方法[J].工程力学,2004,21(1): 21 - 25.

[15] Stubbs N, Osegueda R. Global non-destructive damage evaluation in solids [J]. International Journal of Analytical and Experimental Modal Analysis, 1990, 5(2): 67 - 79.

[16] Allemang R J, Brown D L. A correlation coefficient for modal vector analysis[C]//Proceedings, 1st International Modal Analysis Conference, Orlando, Florida, USA, 1982: 110 - 116.

[17] Lieven N, Ewins D. Spatial correlation of mode shapes, the coordinate modal assurance criterion (COMAC) [C]//Proceedings of the 6th International Modal Analysis Conference, Kissimmee, Florida, USA, 1988: 1063 - 1070.

[18] Salawu O S, Williams C. Bridge assessment using forced-vibration testing [J]. Journal of Structural Engineering, 1995, 121(2): 161 - 173.

[19] Messina A, Williams E, Contursi T. Structural damage detection by a sensitivity and statistical-based method[J]. Journal of Sound and Vibration,

1998, 216(5): 791 - 808.

[20] Shi Z, Law S, Zhang L. Damage localization by directly using incomplete mode shapes [J]. Journal of Engineering Mechanics, 2000, 126 (6): 656 - 660.

[21] Abdel Wahab M, De Roeck G. Damage detection in bridges using modal curvatures: application to a real damage scenario[J]. Journal of Sound and Vibration, 1999, 226(2): 217 - 235.

[22] 王静,张伟,王骑.基于曲率模态法的简支板桥损伤识别研究[J].工业建筑, 2006,36(z1): 225 - 227.

[23] Yam L, Leung T, Li D, Xue K. Theoretical and experimental study of modal strain analysis[J]. Journal of Sound and Vibration, 1996, 191(2): 251 - 260.

[24] Shi Z, Law S, Zhang L. Structural damage localization from modal strain energy change [J]. Journal of Sound and Vibration, 1998, 218 (5): 825 - 844.

[25] Shi Z, Law S, Zhang L. Structural damage detection from modal strain energy change [J]. Journal of Engineering Mechanics, 2000, 126 (12): 1216 - 1223.

[26] Shi Z, Law S, Zhang L. Improved damage quantification from elemental modal strain energy change[J]. Journal of Engineering Mechanics, 2002, 128(5): 521 - 529.

[27] Cornwell P, Doebling S, Farrar C. Application of the strain energy damage detection method to plate-like structures [J]. Journal of Sound and Vibration, 1999, 224(2): 359 - 374.

[28] Hsu T Y, Loh C H. Damage diagnosis of frame structures using modified modal strain energy change method[J]. Journal of Engineering Mechanics, 2008, 134(11): 1000 - 1012.

[29] 刘晖,瞿伟廉,袁润章.基于模态应变能耗散率理论的结构损伤识别方法[J].

振动与冲击,2004,23(2): 118 - 121.

[30] 刘涛,李爱群,赵大亮,丁幼亮. 改进模态应变能法在混凝土组合箱梁桥损伤诊断中的应用[J]. 工程力学,2008,25(6): 44 - 50.

[31] 王树青,王长青,李华军. 基于模态应变能的海洋平台损伤定位试验研究[J]. 振动测试与诊断,2007,26(4): 282 - 287.

[32] Li G Q, Hao K C, Lu Y, Chen S W. A flexibility approach for damage identification of cantilever-type structures with bending and shear deformation[J]. Computers & Structures, 1999, 73(6): 565 - 572.

[33] 狄生奎,张爱丽,汲生伟. 基于柔度矩阵的梁式结构损伤识别[J]. 兰州理工大学学报,2011,37(4): 145 - 150.

[34] Bernal D. Load vectors for damage localization[J]. Journal of Engineering Mechanics, 2002, 128(1): 7 - 14.

[35] Gao Y, Spencer B. Damage localization under ambient vibration using changes in flexibility [J]. Earthquake Engineering and Engineering Vibration, 2002, 1(1): 136 - 144.

[36] Duan Z, Yan G, Ou J, Spencer B. Damage localization in ambient vibration by constructing proportional flexibility matrix[J]. Journal of Sound and Vibration, 2005, 284(1): 455 - 466.

[37] Duan Z, Yan G, Ou J, Spencer B F. Damage detection in ambient vibration using proportional flexibility matrix with incomplete measured DOFs[J]. Structural Control and Health Monitoring, 2007, 14(2): 186 - 196.

[38] Gao Y, Spencer Jr B, Bernal D. Experimental verification of the flexibility-based damage locating vector method[J]. Journal of Engineering Mechanics, 2007, 133(1): 1043 - 1049.

[39] Sim S, Spencer Jr B, Nagayama T. Multimetric sensing for structural damage detection[J]. Journal of Engineering Mechanics, 2011, 137(1): 22 - 30.

[40] Liu P L. Identification and damage detection of trusses using modal data[J].

Journal of Structural Engineering, 1995, 121(4): 599 - 608.

[41] Kosmatka J B, Ricles J M. Damage detection in structures by modal vibration characterization[J]. Journal of Structural Engineering, 1999, 125(12): 1384 - 1392.

[42] 高维成,刘伟,钱成. 基于剩余模态力和模态应变能理论的网架结构损伤识别[J]. 工程力学,2007,24(5): 93 - 100.

[43] Casas J R, Aparicio A C. Structural damage identification from dynamic-test data[J]. Journal of Structural Engineering, 1994, 120(8): 2437 - 2450.

[44] Halling M W, Muhammad I, Womack K C. Dynamic field testing for condition assessment of bridge bents[J]. Journal of Structural Engineering, 2001, 127(2): 161 - 167.

[45] Jang J H, Yeo I, Shin S, Chang S P. Experimental investigation of system-identification-based damage assessment on structures[J]. Journal of Structural Engineering, 2002, 128(5): 673 - 682.

[46] Weber B, Paultre P. Damage identification in a truss tower by regularized model updating[J]. Journal of Structural Engineering, 2010, 136(3): 307 - 316.

[47] 何浩祥,闫维明,王卓. 基于子结构和遗传神经网络的递推模型修正方法[J]. 工程力学,2008,25(4): 99 - 105.

[48] 张纯,宋固全,吴光宇. 实测模态和结构模型同步修正的结构损伤识别方法[J]. 振动与冲击,2010,29(9): 1 - 4.

[49] Fanning P, Carden E, Terrace E. Damage detection algorithm based on SISO measurements[J]. Journal of Engineering Mechanics, 2003, 29(2): 202 - 209.

[50] Fanning P, Carden E. Experimentally validated added mass identification algorithm based on frequency response functions[J]. Journal of Engineering Mechanics, 2004, 130(9): 1045 - 1051.

[51] Zang C, Imregun M. Structural damage detection using artificial neural

networks and measured FRF data reduced via principal component projection [J]. Journal of Sound and Vibration, 2001, 242(5): 813 - 827.

[52] 王国安,方建邦. 基于柔度矩阵和模糊模式方法的结构损伤识别研究[J]. 工业建筑,2007,37(5): 26 - 29.

[53] 邹万杰,瞿伟廉. 基于频响函数和遗传算法的结构损伤识别研究[J]. 振动与冲击,2009,27(12): 28 - 30.

[54] 于菲,刁延松,佟显能,张启亮. 基于振型差值曲率与神经网络的海洋平台结构损伤识别研究[J]. 振动与冲击,2011,30(10): 183 - 187.

[55] Sohn H, Farrar C R. Damage diagnosis using time series analysis of vibration signals[J]. Smart Materials and Structures, 2001, 10: 446 - 451.

[56] Nair K K, Kiremidjian A S, Law K H. Time series-based damage detection and localization algorithm with application to the ASCE benchmark structure [J]. Journal of Sound and Vibration, 2006, 291(1): 349 - 368.

[57] Peter Carden E, Brownjohn J M W. ARMA modelled time-series classification for structural health monitoring of civil infrastructure [J]. Mechanical Systems and Signal Processing, 2008, 22(2): 295 - 314.

[58] Zheng H, Mita A. Damage indicator defined as the distance between ARMA models for structural health monitoring[J]. Structural Control and Health Monitoring, 2008, 15(7): 992 - 1005.

[59] 何林,欧进萍. 基于 ARMAX 模型及 MA 参数修正的框架结构动态参数识别[J]. 振动工程学报,2002,15(1): 47 - 51.

[60] 刘毅,李爱群. 基于结构响应的损伤诊断方法及其应用[J]. 东南大学学报: 自然科学版,2010,40(4): 810 - 815.

[61] Vanik M, Beck J, Au S. Bayesian probabilistic approach to structural health monitoring[J]. Journal of Engineering Mechanics, 2000, 126(7): 738 - 745.

[62] Yuen K V, Au S K, Beck J L. Two-stage structural health monitoring approach for phase I benchmark studies [J]. Journal of Engineering Mechanics, 2004, 130(1): 16 - 33.

[63] Beck J L. Bayesian system identification based on probability logic, Structural Control and Health Monitoring, 2010, 17(7): 825 - 847.

[64] 杨晓楠. 基于贝叶斯统计推理的结构损伤识别方法研究[D]. 上海: 同济大学,2008.

[65] Hoshiya M, Saito E. Structural identification by extended Kalman filter[J]. Journal of Engineering Mechanics, 1984, 110(12): 1757 - 1770.

[66] Loh C H, Tsaur Y H. Time domain estimation of structural parameters[J]. Engineering Structures, 1988, 10(2): 95 - 105.

[67] Jeen-Shang L, Yigong Z. Nonlinear structural identification using extended Kalman filter[J]. Computers & Structures, 1994, 52(4): 757 - 764.

[68] Yang J N, Lin S, Huang H, Zhou L. An adaptive extended Kalman filter for structural damage identification [J]. Structural Control and Health Monitoring, 2006, 13(4): 849 - 867.

[69] Saha N, Roy D. Two-stage extended Kalman filters with derivative-free local linearizations[J]. Journal of Engineering Mechanics, 2011, 137(8): 537 - 546.

[70] 潘芹. 卡尔曼滤波时域识别方法在损伤诊断中的应用研究[D]. 长沙: 湖南大学,2002.

[71] 周丽,吴新亚,尹强,汪新明. 基于自适应卡尔曼滤波方法的结构损伤识别实验研究[J]. 振动工程学报,2008,21(2): 197 - 202.

[72] Romanenko A, Castro J A A M. The unscented filter as an alternative to the EKF for nonlinear state estimation: a simulation case study[J]. Computers & Chemical Engineering, 2004, 28(3): 347 - 355.

[73] Wu M, Smyth A W. Application of the unscented Kalman filter for real-time nonlinear structural system identification[J]. Structural Control and Health Monitoring, 2007, 14(7): 971 - 990.

[74] Ghanem R, Ferro G. Health monitoring for strongly non-linear systems using the Ensemble Kalman filter [J]. Structural Control and Health

Monitoring, 2006, 13(1): 245 - 259.

[75] 杜飞平,谭永华,陈建华. 基于改进广义卡尔曼滤波的结构损伤识别方法[J]. 地震工程与工程振动,2010,30(4): 109 - 114.

[76] Tang H, Xue S, Fan C. Differential evolution strategy for structural system identification[J]. Computers & Structures[J], 2008, 86(21 - 22): 2004 - 2012.

[77] Sato T, Qi K. Adaptive H_{∞} filter: its application to structural identification [J]. Journal of Engineering Mechanics, 1998, 124(11): 1233 - 1240.

[78] Yoshida I, Sato T. Health monitoring algorithm by the Monte Carlo filter based on non-Gaussian noise[J]. Journal of Natural Disaster Science, 2002, 24(2): 101 - 107.

[79] Koh C, Hong B, Liaw C Y. Parameter identification of large structural systems in time domain[J]. Journal of Structural Engineering, 2000, 126(8): 957 - 963.

[80] Yang J N, Huang H, Lin S. Sequential non-linear least-square estimation for damage identification of structures[J]. International Journal of Non-Linear Mechanics, 2006, 41(1): 124 - 140.

[81] Yang J N, Pan S, Lin S. Least-squares estimation with unknown excitations for damage identification of structures [J]. Journal of Engineering Mechanics, 2007, 133(1): 12 - 21.

[82] Sun Z, Chang C. Structural damage assessment based on wavelet packet transform[J]. Journal of Structural Engineering, 2002, 128(10): 1354 - 1361.

[83] 任宜春,张杰峰,易伟建. 基于改进 LP 小波的时变模态参数识别方法[J]. 振动与冲击,2009,28(3): 144 - 148.

[84] Young Noh H, Krishnan Nair K, Lignos DG, Kiremidjian AS. Use of wavelet-based damage-sensitive features for structural damage diagnosis using strong motion data[J]. Journal of Structural Engineering, 2011, 137(10): 1215 - 1228.

[85] H Y N, Lignos D G, Nair K K, Kiremidjian A S. Development of fragility functions as a damage classification/prediction method for steel momen-resisting frames using a wavelet-based damage sensitive feature [J]. Earthquake Engineering and Structural Dynamics, 2012, 41: 681 - 696.

[86] Yang J, Lei Y, Lin S, Huang N. Hilbert-Huang-Based Approach for Structural Damage Detection[J]. Journal of Engineering Mechanics, 2004, 130(1): 85 - 95.

[87] 陈隽,徐幼麟,李杰.经验模分解及小波分析在结构损伤识别中的应用:试验研究[J].地震工程与工程振动,2007,27(1): 110 - 116.

[88] 罗维刚,韩建平,钱炯,周伟.基于 Hilbert-Huang 变换的结构损伤识别及振动台试验验证[J].工程抗震与加固改造,2011,33(1): 49 - 54.

[89] Lo Iacono F, Navarra G, Pirrotta A. A damage identification procedure based on Hilbert transform: Experimental validation[J]. Structural Control and Health Monitoring, 2012, 19(1): 146 - 160.

[90] 静行,熊晓莉,赵毅.基于曲率模态和 EEMD 的结构损伤识别方法[J].武汉理工大学学报,2012,34(1): 80 - 83,108.

[91] Yao J T P. Concept of structural control [J]. Journal of the Structural Division, 1972, 98(7): 1567 - 1574.

[92] Alkhatib R, Golnaraghi M. Active structural vibration control: a review[J]. Shock and Vibration Digest, 2003, 35(5): 367 - 383.

[93] Soong T, Cimellaro G. Future directions in structural control[J]. Structural Control and Health Monitoring, 2009, 16(1): 7 - 16.

[94] Ibrahim R. Recent advances in nonlinear passive vibration isolators [J]. Journal of Sound and Vibration, 2008, 314(3): 371 - 452.

[95] Fisco N, Adeli H. Smart structures: Part I — Active and semi-active control [J]. Scientia Iranica, 2011, 18(3): 275 - 284.

[96] Fisco N, Adeli H. Smart structures: Part II — Hybrid control systems and control strategies[J]. Scientia Iranica, 2011, 18(3): 285 - 295.

[97] 李宏男.结构振动与控制[M].北京：中国建筑工业出版社，2005.
[98] 周锡元，阎维明.建筑结构的隔震，减振和振动控制[J].建筑结构学报，2002，23(2)，2－12.
[99] 刘文光，加藤泰正.柱端隔震夹层橡胶垫力学性能试验研究[J].地震工程与工程振动，1999，19(3)：121－126.
[100] 朱玉华，施卫星，吕西林，冯德民.基础隔震房屋模型振动台对比试验与分析[J].同济大学学报：自然科学版，2001，29(5)：505－509.
[101] 李亚明，周晓峰，张良兰，贾水钟.辰山植物园温室铝合金结构滑动支座试验[J].工业建筑，2012，41(11)：36－41.
[102] 施卫星，刘凯雁，王立志.网架减震球型钢支座减震性能振动台试验研究[J].西北地震学报，2009，31(4)：344－348.
[103] 施卫星，孙黄胜，李振刚，丁美.上海国际赛车场新闻中心高位隔震研究[J].同济大学学报：自然科学版，2006，33(12)：1576－1580.
[104] Nakamura Y, Saruta M, Wada A, Takeuchi T, Hikone S, Takahashi T. Development of the core-suspended isolation system[J]. Earthquake Engineering & Structural Dynamics, 2011, 40(4): 429－447.
[105] 欧进萍，吴斌.摩擦型与软钢屈服型耗能器的性能与减振效果的试验比较[J].地震工程与工程振动，1995，15(3)：73－87.
[106] Mualla I H, Belev B. Performance of steel frames with a new friction damper device under earthquake excitation[J]. Engineering Structures, 2002, 24(3): 365－371.
[107] Park S. Analytical modeling of viscoelastic dampers for structural and vibration control[J]. International Journal of Solids and Structures, 2001, 38(44): 8065－8092.
[108] Constantinou M, Symans M. Experimental study of seismic response of buildings with supplemental fluid dampers[J]. The Structural Design of Tall Buildings, 1993, 2(2): 93－132.
[109] 李国强，胡宝琳，孙飞飞，郭小康.国产TJI型屈曲约束支撑的研制与试验

[J]. 同济大学学报：自然科学版，2011，39(5)：631－636.

[110] Lin Y Y，Cheng C M，Lee C H. A tuned mass damper for suppressing the coupled flexural and torsional buffeting response of long-span bridges[J]. Engineering Structures，2000，22(9)：1195－1204.

[111] Love J，Tait M. A preliminary design method for tuned liquid dampers conforming to space restrictions[J]. Engineering Structures，2012，40：187－197.

[112] Ikeda Y，Sasaki K，Sakamoto M，Kobori T. Active mass driver system as the first application of active structural control[J]. Earthquake Engineering & Structural Dynamics，2001，30(11)：1575－1595.

[113] Bossens F，Preumont A. Active tendon control of cable-stayed bridges：a large-scale demonstration [J]. Earthquake Engineering & Structural Dynamics，2001，30(7)：961－979.

[114] Preumont A，Bossens F D R. Active tendon control of vibration of truss structures：Theory and experiments[J]. Journal of intelligent material systems and structures，2000，11(2)：91－99.

[115] Yang J，Wu J，Li Z. Control of seismic-excited buildings using active variable stiffness systems[J]. Engineering structures，1996，18(8)：589－596.

[116] Duerr K，Tesfamariam S，Wickramasinghe V，Grewal A. Variable stiffness smart structure systems to mitigate seismic induced building damages[J]. Earthquake Engineering & Structural Dynamics，2012，DOI：10.1002/eqe.2204.

[117] Liu Y，Matsuhisa H，Utsuno H. Semi-active vibration isolation system with variable stiffness and damping control[J]. Journal of Sound and Vibration，2008，313(1)：16－28.

[118] 杨润林，周锡元，闫维明，宋波，刘锡荟. 结构半主动变阻尼控制的研究[J]. 建筑科学，2007，23(3)：6－9.

[119] Gavin H P. Design method for high-force electrorheological dampers. SMART MATER STRUCT, 1998, 7(5): 664 - 673.

[120] Qu W, Xu Y. Semi-active control of seismic response of tall buildings with podium structure using ER/MR dampers[J]. The structural design of tall buildings, 2001, 10(3): 179 - 192.

[121] Dyke S, Sain M, Carlson J. Modeling and control of magnetorheological dampers for seismic response reduction [J]. Smart Materials and Structures, 1996, 5: 565 - 575.

[122] Yang G, Spencer B, Carlson J, Sain M. Large-scale MR fluid dampers: Modeling and dynamic performance considerations [J]. Engineering structures, 2002, 24(3): 309 - 323.

[123] Hagood N W, Chung W H, Von Flotow A. Modelling of piezoelectric actuator dynamics for active structural control[J]. Journal of intelligent material systems and structures, 1990, 1(3): 327 - 354.

[124] 杨飏,欧进萍.压电变摩擦阻尼器减振结构的数值分析[J].振动与冲击,2005,24(006): 1 - 4.

[125] Han Y L, Li Q, Li A Q, Leung A, Lin P H. Structural vibration control by shape memory alloy damper[J]. Earthquake Engineering & Structural Dynamics, 2003, 32(3): 483 - 494.

[126] 毛晨曦,李惠,欧进萍.形状记忆合金被动阻尼器及结构地震反应控制试验研究和分析[J].建筑结构学报,2005,26(3): 38 - 44.

[127] 李宏男,李军,宋钢兵.采用压电智能材料的土木工程结构控制研究进展[J].建筑结构学报,2005,26(3): 1 - 8.

[128] Nagashima I, Maseki R, Asami Y, Hirai J, Abiru H. Performance of hybrid mass damper system applied to a 36-storey high-rise building[J]. Earthquake Engineering & Structural Dynamics, 2001, 30 (11): 1615 - 1637.

[129] Ramallo J, Johnson E, Spencer B. "Smart" base isolation systems[J].

Journal of Engineering Mechanics, 2002, 128(10): 1088 - 1099.

[130] Tzan S R, Pantelides C. Hybrid structural control using viscoelastic dampers and active control systems [J]. Earthquake Engineering & Structural Dynamics, 1994, 23(12): 1369 - 1388.

[131] 张延年,李宏男. 耦合地震作用下的 MRD 与 LRB 混合控制结构动力分析[J]. 工程力学,2008,25(4): 26 - 31.

[132] Ikago K, Saito K, Inoue N. Seismic control of single-degree-of-freedom structure using tuned viscous mass damper[J]. Earthquake Engineering & Structural Dynamics, 2012, DOI: 10.1002/eqe.1138.

[133] Lu Z, Lu X, Masri SF. Studies of the performance of particle dampers under dynamic loads[J]. Journal of Sound and Vibration, 2010, 329(26): 5415 - 5433.

[134] Gendelman O. Analytic treatment of a system with a vibro-impact nonlinear energy sink[J]. Journal of Sound and Vibration, 2012, 331: 4599 - 4608.

[135] Yang H T Y, Lin C H, Bridges D, Randall C J, Hansma P K. Bio-inspired passive actuator simulating an abalone shell mechanism for structural control[J]. Smart Materials and Structures, 2010, 19: 105011.

[136] Lin G L, Lin C C, Lu L Y, Ho Y B. Experimental verification of seismic vibration control using a semi-active friction tuned mass damper [J]. Earthquake Engineering & Structural Dynamics, 2011, DOI: 10.1002/eqe.1162.

[137] Zemp R, de la Llera J C, Almazán J L. Tall building vibration control using a TM-MR damper assembly [J]. Earthquake Engineering & Structural Dynamics, 2011, 40(3): 339 - 354.

[138] Chung L, Reinhorn A, Soong T. Experiments on active control of seismic structures [J]. Journal of Engineering Mechanics, 1988, 114(2): 241 - 256.

[139] Yang J N, Li Z, Vongchavalitkul S. A generalization of optimal control

theory: Linear and nonlinear structures[R]. Technical Report NCEER - 92 - 00261992.

[140] Aldemir U, Bakioglu M, Akhiev S. Optimal control of linear buildings under seismic excitations [J]. Earthquake Engineering & Structural Dynamics, 2001, 30(6): 835 - 851.

[141] 潘颖,王超,蔡国平.地震作用下主动减震结构的时滞离散最优控制[J].工程力学,2004,21(2): 88 - 94.

[142] 杜永峰,李慧,赵国藩.地震作用下结构振动最优控制的一种一般算法[J].大连理工大学学报,2005,44(6): 860 - 865.

[143] Ankireddi S, Yang H T Y. Multiple objective LQG control of wind-excited buildings[J]. Journal of Structural Engineering, 1997, 123(7): 943 - 951.

[144] 张文首,林家浩,于骁.海洋平台地震响应的LQG控制.动力学与控制学报,2003,1(1): 47 - 52.

[145] Yang J N, Akbarpour A, Ghaemmaghami P. New optimal control algorithms for structural control[J]. Journal of Engineering Mechanics, 1987, 113(9): 1369 - 1386.

[146] Chung L, Lin R, Soong T, Reinhorn A. Experimental study of active control for MDOF seismic structures [J]. Journal of Engineering Mechanics, 1989, 115(8): 1609 - 1627.

[147] Yang J, Li Z, Liu S. Instantaneous optimal control with acceleration and velocity feedback[J]. Probabilistic Engineering Mechanics, 1991, 6(3 - 4): 204 - 211.

[148] 张文首,卢立勤,于骁,林家浩.基于精细积分的瞬时最优控制算法[J].振动工程学报,2007,19(4): 514 - 518.

[149] 杜永峰,刘彦辉,李慧.地震作用下结构振动瞬时最优控制的一种改进算法[J].工程抗震与加固改造,2007,29(1): 8 - 12.

[150] Lu L Y, Chung L L. Modal control of seismic structures using augmented state matrix[J]. Earthquake Engineering & Structural Dynamics, 2001,

30(2): 237 - 256.

[151] Cho S W, Kim B W, Jung H J, Lee I W. Implementation of modal control for seismically excited structures using magnetorheological dampers[J]. Journal of Engineering Mechanics, 2005, 131(2): 177 - 184.

[152] 王波,王荣秀.结构振动的独立模态和耦合模态的组合控制[J].振动与冲击,2004,23(004): 26 - 30.

[153] 党育,霍凯成,瞿伟廉.智能隔震结构的模态控制[J].华中科技大学学报:城市科学版,2008,25(4): 130 - 132.

[154] 马乾瑛,王社良,朱军强.空间结构耦合模态控制及实验研究[J].实验力学,2009,24(4): 276 - 282.

[155] Singh M, Matheu E, Suarez L. Active and semi-active control of structures under seismic excitation [J]. Earthquake Engineering & Structural Dynamics, 1997, 26(2): 193 - 213.

[156] Yang J, Wu J, Agrawal A, Hsu S. Sliding mode control with compensator for wind and seismic response control[J]. Earthquake Engineering & Structural Dynamics, 1997, 26(11): 1137 - 1156.

[157] 赵斌,吕西林,吴敏哲,梅占馨.建筑结构振动控制的趋近律滑移模态方法[J].工程力学,2001,18(3): 67 - 73.

[158] 金峤.结构振动的滑模变结构控制研究[D].大连:大连理工大学,2006.

[159] Tai N T, Ahn K K. Adaptive proportional-integral-derivative tuning sliding mode control for a shape memory alloy actuator[J]. Smart Materials and Structures, 2011, 20: 055010.

[160] Jabbari F, Schmitendorf W, Yang J. H_∞ control for seismic-excited buildings with acceleration feedback[J]. Journal of Engineering Mechanics, 1995, 121(9): 994 - 1002.

[161] Köse I, Schmitendorf W, Jabbari F, Yang J. H_∞ active seismic response control using static output feedback[J]. Journal of Engineering Mechanics, 1996, 122(7): 651 - 659.

[162] Yang J N, Lin S, Jabbari F. H_2 - based control strategies for civil engineering structures[J]. Journal of Structural Control, 2003, 10(3-4): 205-230.

[163] Du H, Zhang N, Nguyen H. Mixed H_2/H_∞ control of tall buildings with reduced-order modelling technique [J]. Structural Control and Health Monitoring, 2008, 15(1): 64-89.

[164] 孙万泉,李庆斌. 基于 LMI 的高层建筑结构分散 H_2/H_∞鲁棒控制[J]. 地震工程与工程振动,2008,27(6): 218-222.

[165] 宁响亮,刘红军,谭平,周福霖. 基于 LMI 的结构振动多目标鲁棒 H_2/H_∞控制[J]. 振动工程学报,2010,23(2): 167-172.

[166] Yeh K, Chiang W L, Juang D S. Application of fuzzy control theory in active control of structures[J]. IEEE, 1994, 243-247.

[167] Park K S, Koh H M, Ok S Y. Active control of earthquake excited structures using fuzzy supervisory technique[J]. Advances in Engineering software, 2002, 33(11): 761-768.

[168] Wan Y K, Ghaboussi J, Venini P, Nikzad K. Control of structures using neural networks [J]. Smart Materials and Structures, 1995, 4: A149-A157.

[169] Kim J T, Jung H, Lee I. Optimal structural control using neural networks [J]. Journal of Engineering Mechanics, 2000, 126(2): 201-205.

[170] Pourzeynali S, Lavasani H, Modarayi A. Active control of high rise building structures using fuzzy logic and genetic algorithms[J]. Engineering structures, 2007, 29(3): 346-357.

[171] Jiang X, Adeli H. Neuro-genetic algorithm for non-linear active control of structures[J]. International Journal for Numerical Methods in Engineering, 2008, 75(7): 770-786.

[172] 李宏男,常治国,王苏岩. 基于智能算法的 MR 阻尼器半主动控制[J]. 振动工程学报,2005,17(3): 344-349.

[173] 汪权,王建国. 建筑结构地震响应半主动控制的遗传—模糊算法[J]. 地震工程与工程振动,2011,(6):127 - 133.

[174] Astrom K J, Wittenmark B. Adaptive control[M]. 2nd edition. Addison-Wesley, 1995.

[175] Vipperman J, Burdisso R, Fuller C. Active control of broadband structural vibration using the LMS adaptive algorithm[J]. Journal of Sound and Vibration, 1993, 166(2): 283 - 299.

[176] Kim H, Adeli H. Hybrid feedback-least mean square algorithm for structural control[J]. Journal of Structural Engineering, 2004, 130(1): 120 - 127.

[177] Chu S Y, Lo S C, Chang M C. Real-time control performance of a model-reference adaptive structural control system under earthquake excitation [J]. Structural Control and Health Monitoring, 2010, 17(2): 198 - 217.

[178] 周强,瞿伟廉. 安装 MR 阻尼器工程结构的非参数模型自适应控制[J]. 地震工程与工程振动,2004,24(4):127 - 132.

[179] 张凯静,周莉萍,王官磊. 最小控制合成算法在结构振动控制中的应用[J]. 华中科技大学学报:城市科学版,2010,27(3):76 - 80.

[180] Lim C, Chung T, Moon S. Adaptive bang-bang control for the vibration control of structures under earthquakes[J]. Earthquake Engineering & Structural Dynamics, 2003, 32(13): 1977 - 1994.

[181] Suresh S, Narasimhan S, Sundararajan N. Adaptive control of nonlinear smart base-isolated buildings using Gaussian kernel functions [J]. Structural Control and Health Monitoring, 2008, 15(4): 585 - 603.

[182] Guclu R, Yazici H. Self-tuning fuzzy logic control of a non-linear structural system with ATMD against earthquake[J]. Nonlinear Dynamics, 2009, 56(3): 199 - 211.

[183] Bitaraf M, Hurlebaus S, Barroso L R. Active and semi-active adaptive control for undamaged and damaged building structures under seismic load

[J]. Computer-aided Civil and Infrastructure Engineering, 2012, 27(1): 48 - 64.

[184] Gluck J, Ribakov Y, Dancygier A. Predictive active control of MDOF structures[J]. Earthquake Engineering & Structural Dynamics, 2000, 29(1): 109 - 125.

[185] 王亮,黄真,周岱. 基于预测算法的结构振动半主动控制[J]. 振动与冲击, 2007,26(10): 109 - 112.

[186] Basu B, Nagarajaiah S. A wavelet-based time-varying adaptive LQR algorithm for structural control[J]. Engineering structures, 2008, 30(9): 2470 - 2477.

[187] Laflamme S, Slotine J, Connor J. Wavelet network for semi-active control [J]. Journal of Engineering Mechanics, 2011, 137(7): 462 - 474.

[188] Marzbanrad J, Ahmadi G, Jha R. Optimal preview active control of structures during earthquakes[J]. Engineering Structures, 2004, 26(10): 1463 - 1471.

[189] Schulz M, Pai P, Inman D. Health monitoring and active control of composite structures using piezoceramic patches[J]. Composites Part B: Engineering, 1999, 30(7): 713 - 725.

[190] Ray L R, Tian L. Damage detection in smart structures through sensitivity enhancing feedback control[J]. Journal of Sound and Vibration, 1999, 227(5): 987 - 1002.

[191] Gattulli V, Romeo F. Integrated procedure for identification and control of MDOF structures[J]. Journal of Engineering Mechanics, 2000, 126(7): 730 - 737.

[192] Xu Y, Chen B. Integrated vibration control and health monitoring of building structures using semi-active friction dampers: Part I — Methodology[J]. Engineering Structures, 2008, 30(7): 1789 - 1801.

[193] Chen B, Xu Y. Integrated vibration control and health monitoring of

building structures using semi-active friction dampers: Part II — Numerical investigation. Engineering structures, 2008, 30(3): 573 - 587.

[194] Lei Y, Lin Q, Lai Z. On line integrated structural health monitoring and vibration control under unknown excitation[C]//The 6th International Workshop on Advanced Smart Materials and Smart Structures Technology, Dalian, China, 2011.

[195] Nagarajaiah S. Adaptive passive, semiactive, smart tuned mass dampers: identification and control using empirical mode decomposition, hilbert transform, and short-term fourier transform[J]. Structural Control and Health Monitoring, 2009, 16(7 - 8): 800 - 841.

[196] Lin C H, Sebastijanovic N, Yang H T Y, He Q, Han X. Adaptive structural control using global vibration sensing and model updating based on local infrared imaging[J]. Structural Control and Health Monitoring, 2011, (Published online), DOI: 10.1002/stc.458.

[197] Bitaraf M, Barroso LR, Hurlebaus S. Adaptive control to mitigate damage impact on structural response[J]. Journal of intelligent material systems and structures, 2010, 21(6): 607 - 619.

[198] Duerr K, Tesfamariam S, Wickramasinghe V, Grewal A. Variable stiffness smart structure systems to mitigate seismic induced building damages[J]. Earthquake Engineering & Structural Dynamics, 2012, DOI: 10.1002/eqe.2204.

[199] Ma T W, Yang H T, Chang C C. Structural Damage Diagnosis and Assessment under Seismic Excitation [J]. Journal of Engineering Mechanics, 2005, 131(10): 1036 - 1045.

[200] Yang J, Wu J, Agrawal A. Sliding mode control for seismically excited linear structures[J]. Journal of Engineering Mechanics, 1995, 121(12): 1386 - 1390.

[201] Sebastijanovic N, Yang H T Y, Ma T W. Detection of changes in global

structural stiffness coefficients using acceleration feedback[J]. Journal of Engineering Mechanics, 2010, 136(9): 1187 - 1191.

[202] Spencer B, Suhardjo J, Sain M. Frequency domain optimal control strategies for aseismic protection[J]. Journal of Engineering Mechanics, 1994, 120(1): 135 - 158.

[203] Johnson E, Lam H, Katafygiotis L, Beck J. Phase I IASC-ASCE structural health monitoring benchmark problem using simulated data[J]. Journal of Engineering Mechanics, 2004, 130(1): 3 - 15.

[204] Xu Y, Chen J. Structural damage detection using empirical mode decomposition: Experimental investigation[J]. Journal of Engineering Mechanics, 2004, 130(11): 1279 - 1288.

[205] Wrobleski M S, Yang H T Y. Identification of simplified models using adaptive control techniques[J]. Journal of Structural Engineering, 2003, 129(7): 989 - 997.

[206] Lin C H, Yang H T Y. Structural health monitoring for frame structure with semi-rigid joints[C]//Proceedings of SPIE Smart Structures/NDE. San Diego, CA, USA, 2009: 729229.

后 记

本书的研究工作是在导师施卫星教授和国外合作导师圣塔芭芭拉加州大学 Henry T. Yang 教授的悉心指导下完成的。感谢导师施卫星教授在我博士阶段学习过程中整体和关键性的指导，感谢 Henry T. Yang教授在我两年留学期间对我在研究内容和英文写作上的悉心指导。两位导师渊博的学识、敏捷的思维、严谨的治学态度、孜孜以求的工作态度、超凡的人格魅力不仅使我在学业上受益匪浅，也是我人生道路上学习的榜样。值此研究完成之际，向两位导师表示崇高的敬意和衷心的感谢。

感谢圣塔芭芭拉加州大学的 Paul Hansma 教授对我研究内容的指导，感谢 Steven Lin 博士、Kevin Hoffseth 博士、YongMin Kwon 博士、Connor Crandall 和 Daniel Bridge 研究员对我在研究内容和振动台试验上的指导和讨论。感谢同济大学李培振副教授为本书研究工作提供的部分振动台试验数据。

感谢在就读博士期间 B304 教研室的各位同学和同门，他们是刘成清、雷拓、刘凯雁、何斌、宇露、王娟、曹加良、董建曦、陈希、盛涛、富秋实、邢琼、刘小娟、黄维、王洪涛。这些年与你们共同的学习生活是我最美好的回忆之一。感谢在我 8 年同济求学生涯中传授我知识的所有老师、一起学习和奋斗的同学和给予我帮助的人。

感谢国家留学基金管理委员会对我赴美留学的资助。

感谢各位专家、教授在百忙中对本书研究内容的审阅和赐教。

最后谨以此文献给我的父母，父母无私的爱和关怀是我今生最大的财富。

单伽锃